海河流域习见鱼类

Common Fishes in the Haihe River Basin

编著　李浩林　杨春旺

插图　杨　帆

By

Li Haolin, Yang Chunwang and Yang Fan

天津社会科学院出版社

Tianjin Academy of Social Sciences Press

内 容 简 介

海河流域为中国华北地区最大水系，也是中国七大河流之一。整个流域呈扇形，其水文环境独特且复杂，研究意义重大。本书对海河流域57种习见鱼类的物种信息、生活习性、资源现状及分布情况等作了全面地描述。除传统标本照配图外，更增添鱼类手绘科学画，在真实还原鱼类鲜活体征的同时，也极大程度地提高了本书的观赏性与艺术性。

本书可供科研人员、渔政管理人员、渔业生产人员、鱼类爱好者等各界相关人士阅读参考。

图书在版编目（CIP）数据

海河流域习见鱼类 / 李浩林，杨春旺编著 ；杨帆插
图. -- 天津 ： 天津社会科学院出版社，2025. 3.
ISBN 978-7-5563-1044-9

Ⅰ. Q959.4

中国国家版本馆 CIP 数据核字第 20246T0Q27 号

海河流域习见鱼类
HAIHE LIUYU XIJIAN YULEI
选题策划：韩　鹏
责任编辑：吴　琼
装帧设计：杨　帆
封面题字：李传奎
出版发行：天津社会科学院出版社
地　　址：天津市南开区迎水道 7 号
邮　　编：300191
电　　话：（022）23360165
印　　刷：北京盛通印刷股份有限公司
开　　本：889×1194　　1/16
印　　张：9.75
字　　数：200 千字
版　　次：2025 年 3 月第 1 版　　2025 年 3 月第 1 次印刷
定　　价：98.00 元

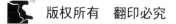

《海河流域习见鱼类》编辑委员会

序

  海河流域东临渤海，南界黄河，西起太行山，北倚内蒙古高原南缘，地跨京、津、冀、晋、鲁、豫、辽、内蒙古八省（自治区、直辖市），流域总面积达26.5万km²，占全国总面积的3.3%，为中国华北地区最大水系，也是中国七大河流之一。其水文环境特点独特鲜明，虽有着庞大的流域面积，但也因地处低山区-冲积平原，所以范围内高低落差相对较小，整个流域水系呈扇形，继而缺失了自然环境多样性，最终导致流域内的鱼类物种多样性也相对较低。结构简单的生态系统往往更容易遭到破坏，尤其在近年来"引黄入冀补淀""引滦入津""南水北调"等引水、补水工程及海河流域内各地新区开发建设等现状下，区域内的原生鱼种正面临着前所未有的危机。

  鱼类是生态系统尤其是水生生态系统中的重要组成部分，在维护生态平衡特别是水资源环境安全方面有着不可替代的作用。近十年来，天津自然博物馆及其他相关科研单位对海河流域鱼类资源状况一直十分关注，并陆续开展了大量相关调查工作。本书即是在这些工作或研究的基础上总结完成。

  本书的数据主要来自于以下几方面：

  1.天津自然博物馆鱼类馆藏标本整理；

  2.国家动物标本资源库鱼类标本整理；

  3.海河流域内相关历史文献与地方志书整理；

  4.2012年至2024年间针对北京、天津及其周边的野外实地调查；

  5.2016年至2020年间对海河全流域范围内的野外实地调查。

据不完全统计,海河流域内的鱼类物种可达110余种。本书分为总论和各论两部分。总论部分对海河流域水域生态环境和鱼类研究专业名词术语进行了详尽地描述;各论部分对海河流域内8目18科49属57种习见鱼类进行了归纳整理,并全面描述了其各自的物种信息、生活习性、资源现状及分布情况等方面。书中除传统标本照配图外,更增添鱼类手绘科学画。全书鱼类科学画均严格按照鱼类的分类特征进行绘制,并在色彩运用上真实还原鱼类鲜活状态及繁殖盛季下的体貌特点。

在当前社会经济迅猛发展的总势态下,海河流域野生鱼类正面临着巨大生存危机,甚至某些鱼种的资源量已出现了明显下降。但在大量实际调查数据基础之上,我们也对资源量变动较大的鱼种进行了初步探讨,可供海河流域未来的鱼类资源保护及恢复工作参考借鉴。

本项研究的顺利开展得益于天津市文化和旅游局与天津自然博物馆各级领导的关怀与支持,本书的编写工作更离不开本单位各部门同事们的通力协作,在此我们一并表示衷心感谢!

同时,还要特别感谢中国科学院动物研究所标本馆馆长陈军研究员对我馆鱼类科研科普工作的支持!特别感谢中国科学院动物研究所鱼类学组张春光研究员、赵亚辉研究员对本项工作提供的指导性意见!特别感谢中国科学院大学李雪原同学对本书标本照拍摄工作提供的帮助!

由于水平有限,本书编写过程中难免存在不足之处,敬请批评指正。

2024年10月

PREFACE

The Haihe River Basin borders the Bohai Sea in the east, the Yellow River in the south, the Taihang Mountains in the west, and the southern edge of the Inner Mongolia Plateau in the north, spanning eight provinces (autonomous regions and municipalities) including Beijing, Tianjin, Hebei, Shanxi, Shandong, Henan, Liaoning and Inner Mongolia, with a total drainage area of 265,000 square kilometers, accounting for 3.3% of the total area of the country. It is the largest river system in North China and one of the seven major rivers in China. Its hydrological environment has unique and distinct characteristics. Although it has a huge basin area, it is located in a low mountain and alluvial plain, so the height difference is relatively small within the range, and the whole water system of the basin is fanned out, which thus lacks the diversity of natural environment, and ultimately leads to a relatively low diversity of fish species in the basin. The ecosystem with simple structure is often more likely to be destroyed, especially in recent years, under the current situation of water diversion and water replenishment projects, such as "Replenishing Baiyangdian by the Yellow River", "Luanhe River into Tianjin City" and "South-to-North Water Diversion ", and the development and construction of new areas in the Haihe River Basin, the native fish species in the region are facing an unprecedented crisis.

Fish is an important part of the ecosystem, especially the aquatic ecosystem, and it plays an irreplaceable role in maintaining the ecological balance, especially the environmental security of water resources. In the past ten years, Tianjin Natural History Museum and other relevant scientific research institutions have been very concerned about the status of fish resources in the Haihe River Basin, and have carried out a lot of relevant investigations. This book is based on a summary of all these work or research.

The data in this book mainly comes from the following aspects:

1. Sorting of fish specimens in Tianjin Natural History Museum;

2. Sorting of fish specimens in the Specimen Museum of the Institute of Zoology, Chinese Academy of Sciences;

3. Sorting of relevant historical documents and local records of the Haihe River Basin;

4. Field surveys in and around Beijing from 2012 to 2024;

5. Field surveys of the Haihe River Basin from 2016 to 2020.

According to incomplete statistics, there are more than 110 species of fish in the Haihe River Basin. This book consists of two parts: the pandect and treatises. In the pandect, the ecological environment of the Haihe River Basin and the terminology of fish research are described in detail. In the treatises, 57 species of common fishes belonging to 8 orders, 18 families and 49 genera in the Haihe River Basin are summarized, and their species information, living habits, resource status and distribution are described comprehensively. In addition to traditional specimen photos, the book also adds hand-drawn scientific drawings of fish. The scientific paintings of fish throughout the book are drawn strictly in accordance with the classification characteristics of fish, and the use of color truly restores the fresh state of fish and their body colors and appearance in the breeding season.

With the rapid development of society and economy, the wild fish in the Haihe River Basin is facing a huge survival crisis, and even the resources of some fish species have declined significantly. However, based on a large number of actual survey data, we have also conducted in-depth discussions on the causes of the above changes, which can play an important role in the future conservation and restoration work of fish stocks in the Haihe River Basin.

The smooth development of this research comes from the care and support of the leaders at all levels of Tianjin Culture and Tourism Bureau and Tianjin Natural History Museum. The preparation of this book is inseparable from the collaboration of colleagues in various departments of our unit.

At the same time, We would like to express our special thanks to Professor Chen Jun, curator of the Collection Museum of the Institute of Zoology, Chinese Academy of Sciences, for his support to our fish scientific research and science popularization! Special thanks to Professor Zhang Chunguang and Professor Zhao Yahui, teachers of the Fish Science Group of the Institute of Zoology, Chinese Academy of Sciences, for their guidance on this work! Special thanks to Li Xueyuan from the University of Chinese Academy of Sciences, for her help in the photography of this book!

Due to our limited level, there are inevitably shortcomings in the process of writing this book. We sincerely welcome all criticism and correction.

October 2024

目 录
CONTENTS

第一章

总 论

General Review

第一节　　海河流域生态环境

1.自然地理概况 ▶

1.1 海河流域位置范围

　　海河流域东临渤海，南界黄河，西起太行山，北倚内蒙古高原南缘，地跨京、津、冀、晋、鲁、豫、辽、内蒙古八省（自治区、直辖市），流域总面积26.5万km²，占全国总面积的3.3%，为中国华北地区的最大水系，中国七大河流之一。由海河干流和北运河、永定河、大清河、子牙河、南运河五大支流组成。

1.2 地形、地势

　　全流域地势为西北高东南低，大致分布有高原、山地及平原三种地貌类型。地势总体由西部、北部和西南部三面向渤海湾倾斜，山区与平原区几乎直交，过渡带非常窄。上游区域为高原山地，约占流域面积的60%；下游区域为平原，地势低平，洼淀众多，约占流域面积的40%。

1.3 气候

　　海河流域属东亚温带半干旱季风性气候区。海河流域多年平均年降水量多在400～650mm，80%的降水集中在6～9月。7月中旬到8月上旬为流域内暴雨集中时段，常造成洪涝灾害。降水量年际反差大，丰水年与枯水年相差几倍甚至几十倍。通常情况下，春季风多速大，气候干燥，蒸发量大；夏季比较湿润，气温偏高，光热资源充足，降雨量大且多暴雨，旱涝时有发生；秋季一般秋高气爽，降雨量较少；冬季寒冷少雪，易受寒潮灾害侵扰。

1.4 水文、水系

海河流域近年来年平均径流量约264亿m³，年均输沙量约1.82亿t。流域内长度达50km以上的支流有90多条，上游河网庞大，下游干流狭细，是非常典型的扇形水系。海河属发源于黄土高原、蒙古高原的河流，泥沙含量很高，河床易造成淤积。全流域水资源整体总量偏少、降水时间分布不均、经常出现枯水年，水资源量呈逐渐衰减趋势。

1.5 自然资源

海河流域地带性土壤为棕壤或褐色土，滨海地区多荒地和滩涂，盐碱化明显。海河流域的植被覆盖度不大，大部分为暖温带落叶阔叶林，多分布在太行山、燕山地区。丘陵地带多果木林分布，温带水果、坚果大量种植。

纵观海河流域，自然资源丰富多样，尤其具有大量的动植物资源，而沿海地区渔业资源最为丰富。除此以外，已探明的矿产资源有90多种，也是我国矿资源种类较为齐全的地区。沿海地区与内陆不同，通常风力资源、太阳能资源丰富。但从水资源来看的话，全国七大流域中海河流域人均水资源量最低。

2.水域环境 ▶

2.1 河流

北运河

京杭运河的北端。北起北京通县北关闸，于天津红桥区流入海河。全长143km，总流域面积5300km²，主要支流有通惠河、坝河、清河等。曾是历史上各朝各代运输粮棉、兵力的重要河道。

北运河支流上的小型水坝（丰水期）

北运河支流上的小型水坝（枯水期）

永定河

亦名桑干河、卢沟河、无定河。源出山西省宁武县卧羊场山脉东南麓，跨越内蒙古、山西、河北、北京、天津五个省（市、自治区）。海河流域内干流全长561km，流域面积50603km²，自然落差1710m。流域地势西北部高，东南部低。水质浑浊，水位变化大，全年有四个汛期。下游河网交错，水利设施遍布。为分泄洪水，1970年开凿永定新河。

永定河支流妫水河水环境

永定河支流妫水河水环境

大清河

亦名会同河、上西河。源出太行山东侧，由南北两支汇合而成。全长448km，流域面积39600km²。干流经雄县、文安，穿东淀，至天津市静海区子牙河后分两支，一支经独流减河入渤海湾，一支汇合永定河后（称海河）穿天津市区入渤海湾。大清河南岸筑有"千里堤"，为冀中平原防洪屏障。

大清河水环境

子牙河

亦名盐河、沿河。北源滹沱河，南源滏阳河，在献县藏桥镇汇合，因流经大城县子牙镇而得名。全长706km，流域面积62600km²，自然落差460m。目前流域内已建水电站10余座。流域地势西高东低，河道弯曲，水系发育复杂。因下游泄水不畅易成灾，1967年开挖子牙新河，提高排洪能力。

子牙新河水环境

卫河

亦名御河。东源太行山南麓，北源河南省，于河南省辉县汇合。跨越河南、山东、河北、天津三省一市。其为海河最长的支流，全长924km，流域面积37064km²。流域地势西北部高，东南部低。水系支流较多，呈梳齿状分布。上游山区，源短流急；下游地势较平，水流缓慢。干流弯曲，河槽窄深，是一条蜿蜒型河道。

卫河水环境

海河干流

海河干流地处"九河下梢"，横贯天津市区，西起红桥区三岔河口（现金刚桥）汇流处，东流至海河防潮闸（大沽口），干流全长73km。河道狭窄多弯，类似羊肠，故又名沽河。海河有七十二沽之称，如丁字沽、西沽、大直沽、咸水沽、葛沽、塘沽和大沽等。"海河"之名最早见于明万历四十一年（1613年）徐光启写的《粪壅规则》中，至清康熙中叶，界河、直沽河等旧称均为海河所替代。海河干流之称，是在1966年编制的《海河流域防洪规划（草案）》中才首次使用。

海河干流水环境

鱼类标本野外采集工作

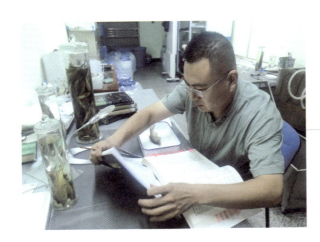

鱼类标本鉴定整理工作

鱼类标本照拍摄工作

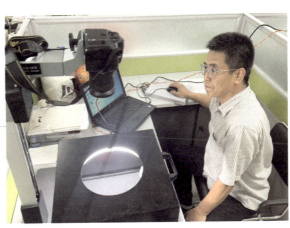

鱼类科学画绘制工作

2.2 水库

据不完全统计，海河流域内已建大中小型水库1900多座，总库容量约300亿m³，其中大型水库30座，总库容量243亿m³，防洪库容148亿m³。流域内有效灌溉面积达680.2亿m²，城市供水能力每年为100亿m³。如分布于永定河水系的有官厅水库、友谊水库、壶流河水库、赵家窑水库；分布于大清河水系的有龙门水库、横山岭水库；分布于子牙河水系的有黄壁庄水库；分布于卫河水系的青塔水库等。

官厅水库

位于永定河上游，河北省怀来县官厅村附近。于1954年完工，1955年发电。总库容量22.7亿m³，平均径流量14.1亿m³，年平均发电8600万kWh。兼有灌溉、供水、发电等综合效益。

密云水库

位于北京市密云区城北13km处，跨越白河与潮河，为拦蓄两河之水而建。于1960年9月竣工。总库容量43.75亿m³，是京津唐地区最大的水库，也是北京最重要地表饮用水水源地，有"燕山明珠"之称。密云水库特产野生水库鱼，是北京著名的鱼乡。

西大洋水库

位于河北省唐县西大洋村唐河干流上，于1960年建成。总库容量10.8亿m³，是河北省四大水库之一，现为保定市饮用水水源地，2004年被确定为南水北调中线工程应急水源地、北京市应急供水水源地。是一座以防洪为主，兼顾城市供水、工业用水、灌溉发电等功能的大型水库。

黄壁庄水库

位于河北省黄壁庄镇附近的滹沱河主河道出口处，1968年主体竣工。总库容量12.1亿m³。电站总装机容量1.6万kW。是一座集防洪、城市供水、灌溉、发电和养殖等综合功能的大型水库，也是根治海河重要工程之一。

青塔水库

位于河北省涉县青塔村清漳河上，是太行山区海拔最高的水库。于1977年竣工，总库容量1271万m³，年发电量315万kWh，灌溉面积5.6亿m²，是一座具防洪、养殖、发电和灌溉等综合功能的中型水库。

关河水库

位于山西省武乡县城东2.5km的关河峡口处，于1960年建成。控制流域面积1745km²，总库容量1.399亿m³，灌溉面积7亿m²。关河水库是一座以防洪、灌溉、发电和养殖等为主要功能的综合大型水利枢纽工程。

官厅水库水环境

第二节 形态描述相关名词说明

1.体形 ▶

纺锤形：最常见的体形，体呈梭形，中段肥大，头尾稍尖细。适合快速且持久地游泳。

侧扁形：体长较小，背腹距离较大。运动不甚敏捷，通常不作长距离迁徙。

平扁形：背腹距离较小，左右体宽较大。多底栖，运动迟缓。

圆筒形（蛇形或鳗鲡形）：身体细长，头尾尖细，如蛇一般。多潜伏于砾石洞穴中，运动不甚敏捷。

其他体形：除以上四类之外的特殊体形。如海马形，头似马，躯干弯曲，尾细而卷曲，常攀附在水草之上，运动能力极弱；亦如鲀类等。

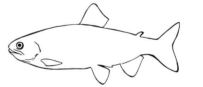

纺锤形   侧扁形 I

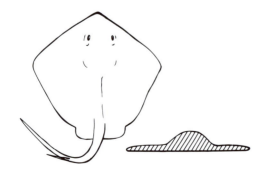

平扁形   侧扁形 II

2.身体部位 ▶

头部：吻端至鳃盖骨后缘的部分。

躯干部：鳃盖后缘至肛门或尿殖孔后缘之间的部分。

尾部：躯干部以后的部分。

吻部：上颌最前端到眼前缘之间的部分。

颊部：眼后缘到前鳃盖骨后缘之间的部分。

颏部：紧接在下颌联合后方的部分。

峡部：颏部与喉部之间的部分。

3.身体结构 ▶

口：鱼类主要捕食器官之一，也是呼吸时的入水通道，依其位置可分为上位、亚上位、端位、亚下位和下位5种口位。

须：鱼类的感觉器官之一，可辅助鱼类觅取食物。按着生位置有不同的命名，如吻须、鼻须、颌须、颏须和口角须，等。

眼：鱼类的视觉器官，为重要感觉器官之一。

鼻孔：硬骨鱼类鼻孔在吻部，通常每侧2个，由瓣膜隔开。前鼻孔为进水孔，后鼻孔为出水孔。有些种类分离得相当远，有些则相互紧挨着。

鳃裂：在头部后方两侧有由消化管通至体外的孔裂，是呼吸时水流出的通道。

鳍条：硬骨鱼的鳍条为骨质鳍条，由鳞片衍生所以又称为鳞质鳍条。通常可分为两类：一类为柔软分节的鳍条，称为软鳍条；另一类为软鳍条演化出的坚硬不分枝、不分节的刺或棘。软鳍条根据末端是否分枝又可分为分枝鳍条和不分枝鳍条。

奇鳍：不成对的鳍，位于身体正中，包括臀鳍和尾鳍。

偶鳍：成对的鳍，位于身体两侧，包括胸鳍和腹鳍。

脂鳍：如鲇形目、鲑形目等的大部分种类，位于背鳍和尾鳍之间的不具鳍条而含脂肪的小鳍。

侧线：一般在真骨鱼身体两侧或头部各有一条或多条由鳞片或皮肤上的小孔排列成的线状构造，是沟状或管状的高度分化的皮肤感觉器。

侧线鳞：鱼体体侧具侧线孔的鳞片。若一种鱼从鳃孔上角附近开始到尾鳍基部有一行连续的侧线鳞排列，则称为侧线完全；反之，为侧线不完全或侧线中断。

侧线上鳞：指位于背鳍基部起点到侧线鳞之间的斜行鳞片。

侧线下鳞：指位于侧线鳞到腹部正中线上或腹鳍起点处的斜行鳞片。

纵列鳞：指沿体侧中轴，从鳃孔上角开始到尾鳍基部最后一枚鳞片为止的鳞片数目，通常在没有侧线或侧线不完全的鱼类中使用。

　　腋鳞：指位于胸鳍或腹鳍基部与体侧交合处的狭长鳞片。

　　臀鳞：指银鱼科和鲤科裂腹鱼亚科鱼类的肛门和臀鳍两侧特化的相对大型鳞片，通常包围着肛门和臀鳍基部，有时可达到腹鳍基部。

　　腹棱：指肛门前的腹部或整个腹部中线隆起的棱突。其中由胸部向后延伸至肛门前缘的棱脊称为全棱或腹棱完全，由腹鳍基部或之后开始后延至肛门前缘的棱脊称为半棱或腹棱不完全。

　　鳃耙：指着生于咽部鳃弓内侧前缘的刺状突起，通常排列成内外两列，为鱼类的滤食器官。

　　鳃耙数：通常指第一鳃弓外侧鳃耙数目，有时亦具体指明外侧鳃耙数或内侧鳃耙数。

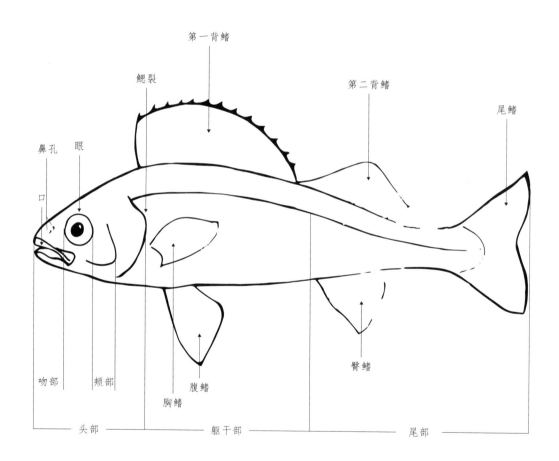

鱼类身体部位及结构

4.测量性状

全长：鱼的全部长度，自吻端至尾鳍末端的直线长度。

标准长或体长：从吻端至尾鳍基部最后一椎骨的长度，即全长减去尾鳍长。

体高：身体的最大高度。

头长：由吻端至鳃盖骨后缘的直线长度。

头高：头部的最大高度，通常采取鳃盖骨后缘处的垂直高度。

吻长：由上颌前端至眼前缘的距离。

眼径：沿体纵轴的眼直径，即眼眶前缘至后缘的直线距离。

眼间距或眼间隔宽：自鱼体一侧眼眶的背缘正中至另一侧眼眶的背缘正中的距离。

眼后头长：自眼眶后缘至鳃盖骨后缘的距离。

尾柄长：自臀鳍基部后缘到最后一椎骨后部的长度。

尾柄高：尾柄部分最低处的垂直高度。

背鳍基长：从背鳍起点到背鳍基部末端的长度。

臀鳍基长：从臀鳍起点到臀鳍基部末端的长度。

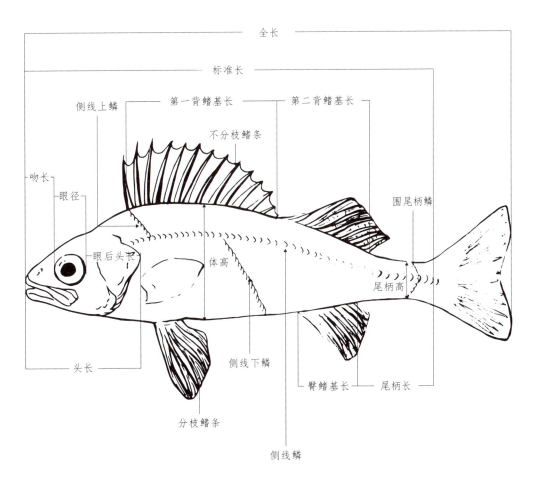

鱼类测量性状

5.常见生物学习性的描述 ▶

浮性卵：卵的比重小于水，一经产出即漂浮在水中或在水面上孵化。通常颜色透明，多数具油球，卵膜无黏性。

沉性卵：卵的比重大于水，产出后沉于水底孵化。

黏性卵：卵的比重大于水，卵膜有黏性，黏附于一定的固着物上孵化。

珠星：有些雄鱼在繁殖季节出现的第二性征。表现为身体上出现若干白色坚硬的锥状体，是表皮细胞特别肥厚及角质化的产物。

婚姻色：很多雄鱼在繁殖期来临时，发生色泽变异，或颜色变深，或出现鲜艳的色彩，即婚姻色。为一种第二性征，生殖完毕即逐渐恢复原来的体色。

植食性鱼类：以植物性饵料，如浮游植物、高等水生维管束植物、腐殖质和碎屑等为食的鱼类。

肉食性鱼类：以动物性饵料，如浮游动物、底栖动物、水生昆虫、鱼虾类，甚或在水中活动的两栖爬行动物、小型水生哺乳动物、水鸟等为食的鱼类。

杂食性鱼类：兼以植物性和动物性饵料为食的鱼类。

6.关于体型大小的描述 ▶

体 型 小： 0mm＜全长≤100mm

体型较小：100mm＜全长≤200mm

体型较大：200mm＜全长≤400mm

体 型 大：400mm＜全长≤700mm

体型巨大：700mm＜全长

注:关于鱼类体型大小并无明确统一的定义,本书相关描述依据作者野外采集经验界定如上。

第二章

各论

Specific

第一节　海河流域习见鱼类分类检索表

分类检索表 ▶

1(10) 具脂鳍

2(5) 体表明显被覆鳞片

3(4) 个体稍大，侧线完全，鳞片细小..虹鳟 *Oncorhynchus mykiss*

4(3) 个体小，侧线不完全，鳞片稍大..池沼公鱼 *Hypomesus olidus*

5(2) 体表全部裸露无鳞；或仅雄性臀鳍两侧各具鳞片

6(7) 体表裸露无鳞，仅雄性臀鳍两侧各具1排薄而透明的大型鳞片......大银鱼 *Protosalanx chinensis*

7(6) 体表全部裸露无鳞

8(9) 胸鳍硬刺前缘具细密锯齿...黄颡鱼 *Pelteobagrus fulvidraco*

9(8) 胸鳍硬刺前缘光滑无锯齿...瓦氏黄颡鱼 *Pelteobagrus vachelli*

10(1) 无脂鳍

11(94) 背鳍1个

12(93) 背鳍约位于吻端至尾鳍基的中间位置附近

13(88) 体形正常，非鳗形或海马形

14(87) 体表具鳞；上颌、下颌无牙

15(78) 口前部无须或仅有1对须

16(75) 臀鳍分枝鳍条6或6以上

17(64) 臀鳍分枝鳍条7以上

18(61) 鳃上方无螺旋形鳃上器；眼位置偏头纵轴上方

19(52) 体呈长形，圆筒形或稍侧扁；雌鱼不具长产卵管

20(25) 下颌前端正中有一突起与上颌凹陷相吻合，且侧线完全；或下颌无突起且侧线不完全

21(24) 下颌有突起且侧线完全

22(23) 口裂稍小；上、下颌侧缘较平直...宽鳍鱲 *Zacco platypus*

23(22) 口裂大；上、下颌侧缘呈"Z"字型凹凸镶嵌.................马口鱼 *Opsariichthys bidens*

24(21) 下颌无突起且侧线不完全（个别个体甚或无侧线）.........中华细鲫 *Aphyocypris chinensis*

25(20) 下颌前端正中无突起且侧线完全

26(37) 腹部无腹棱

27(32)臀鳍近腹鳍

28(29)鳞片大，侧线鳞50～56...瓦氏雅罗鱼*Leuciscus waleckii waleckii*

29(28)鳞片细小，侧线鳞多在70以上

30(31)尾柄较细长，长为高的2倍以上；体侧具1暗色纵带及稀疏的黑色小点.......................
....拉氏大吻鳄*Rhynchocypris lagowskii*

31(30)尾柄略短，长为高的2倍以下；体侧无暗色纵带和黑色小点...........................
....尖头大吻鳄*Rhynchocypris oxycephalus*

32(27)臀鳍近尾鳍

33(34)具短须2对...赤眼鳟*Squaliobarbus curriculus*

34(33)无须

35(36)鳍深黑色；下咽齿臼状.....................................青鱼*Mylopharyngodon piceus*

36(35)鳍灰黄色；下咽齿梳状.....................................草鱼*Ctenopharyngodon idella*

37(26)腹部具腹棱

38(47)腹棱完全，自胸鳍基部下方至肛门

39(40)背鳍硬刺后缘具锯齿...似鲚*Toxabramis swinhonis*

40(39)背鳍硬刺后缘光滑

41(42)侧线在胸鳍上方急剧下弯.....................................鳘*Hemiculter leucisculus*

42(41)侧线沿体侧弧形下弯，或较平直

43(46)口端位

44(45)体呈长形，稍侧扁；侧线沿体侧弧形下弯.....................贝氏鳘*Hemiculter bleekeri*

45(44)体高，极为侧扁；侧线较平直.................................鳊*Parabramis pekinensis*

46(43)口上位...红鳍原鲌*Cultrichthys erythropterus*

47(38)腹棱不完全，自腹鳍基部至肛门

48(51)口亚上位或上位

49(50)口亚上位，口裂斜.....................蒙古红鲌*Chanodichthys mongolicus mongolicus*

50(49)口上位，口裂几近垂直.....................................翘嘴鲌*Culter alburnus*

51(48)口端位...团头鲂*Megalobrama amblycephala*

52(19)体形极为侧扁，侧面观呈卵圆形；雌鱼具较长的产卵管

53(56)侧线不完全

54(55)头背缘无明显凹刻；体长为体高的2.4～2.5倍.................高体鳑鲏*Rhodeus ocellatus*

55(54)头背缘凹刻明显；体长为体高的2.1～2.4倍.................中华鳑鲏*Rhodeus sinensis*

56(53)侧线完全

57(58)臀鳍分枝鳍条超过12，背鳍分枝鳍条超过15............大鳍鱊*Acheilognathus macropterus*

58(57)臀鳍分枝鳍条12以下,背鳍分枝鳍条15以下

59(60)口角须明显,约与眼径等长..........................短须鳈Acheilognathus barbatulus

60(59)口角须不明显,偶有须短如突起.....................兴凯鳈Acheilognathus chankaensis

61(18)鳃上方具螺旋形鳃上器;眼位置偏头纵轴下方

62(63)腹棱不完全,自腹鳍基部下方至肛门...........................鳙Aristichthys nobilis

63(62)腹棱完全,自胸鳍基部下方至肛门...................鲢Hypophthalmichthys molitrix

64(17)臀鳍分枝鳍条6

65(66)口角无须;口亚上位..............................麦穗鱼Pseudorasbora parva

66(65)口角须1对;口端位、亚下位或下位

67(74)唇薄,简单,无乳状突起;下唇不分叶

68(73)口端位或亚下位;口角须短小或消失

69(70)口端位.............................东北颌须鮈Gnathopogon mantschuricus

70(69)口亚下位

71(72)口角无须;体侧具不规则的黑色杂斑.....................红鳍鳈Sarcocheilichthys sciistius

72(71)口角须1对,发达;体侧具1条银白色纵纹.................点纹银鮈Squalidus wolterstorffi

73(68)口下位;口角须1对,较长,后端达到眼径之后....................棒花鮈Gobio rivuloides

74(67)上、下唇具明显的乳状突起;下唇分3叶....................棒花鱼Abbottina rivularis

75(16)臀鳍分枝鳍条5

76(77)口角具须.....................................鲤Cyprinus carpio

77(76)口角无须.....................................鲫Carassius auratus auratus

78(15)口前部具2对或2对以上吻须

79(86)无眼下刺

80(83)口部具3对须

81(82)前、后鼻孔明显分开一短距..........................北方须鳅Barbatula nuda

82(81)前、后鼻孔紧相邻..........................达里湖高原鳅Triplophysa dalaica

83(80)口部具5对须

84(85)尾柄处无尾褶;鳞片细小,侧线鳞150左右..............泥鳅Misgurnus anguillicaudatus

85(84)尾柄处尾褶明显;鳞片略大,侧线鳞130以下.........大鳞副泥鳅Paramisgurnus dabryanus

86(79)具眼下刺.............................中华花鳅Cobitis sinensis

87(14)体表裸露无鳞;上、下颌具牙.............................鲇Silurus asotus

88(13)体呈鳗形,或呈海马形

89(90)体呈鳗形,尾部平直.............................黄鳝Monopterus albus

90(89)体呈海马形,尾部蜷曲

91(91)头顶冠突很高；背鳍13～14...冠海马*Hippocampus coronatus*

92(91)头顶冠突不高；背鳍16～17...莫氏海马*Hippocampus mohnikei*

93(12)背鳍位置靠后，明显接近尾鳍，几与臀鳍相对应...........中华青鳉*Oryzias latipes sinensis*

94(11)背鳍2个

95(98)第1背鳍为1排游离的小硬棘

96(97)背鳍前游离小棘8～10枚，通常9枚.........................中华多刺鱼*Pungitius sinensis*

97(96)背鳍前游离小棘30枚...中华刺鳅*Sinobdella sinensis*

98(95)第1背鳍正常，不形成游离的小硬棘

99(104)两背鳍连续；腹鳍分离，不相互靠近或愈合成吸盘状

100(103)体侧扁；背鳍棘部和鳍条部区分明显

101(102)体型较大，体侧具大型云状斑纹；自吻端至背鳍前具1条明显的深褐色过眼斜纹；背鳍棘
发达...鳜*Siniperca chuatsi*

102(101)体型小，体侧具多条"V"字型蓝绿色横纹；自吻端至背鳍前无过眼斜纹；背鳍棘较柔软
....圆尾斗鱼*Macropodus chinensis*

103(100)体呈圆筒形；背鳍棘部和鳍条部区分不明显，连续且延长...........乌鳢*Channa argus*

104(99)两背鳍分离；腹鳍相互靠近，或愈合成吸盘状

105(106)腹鳍相互靠近，但不愈合成吸盘状.....................小黄黝鱼*Micropercops swinhonis*

106(105)腹鳍愈合成吸盘状

107(108)上、下颌外行牙分叉，呈三尖状；体侧具2条明显的棕褐色纵行条纹.....................
....纹缟虾虎鱼*Tridentiger trigonocephalus*

108(107)上、下颌外行牙不分叉；体侧无纵行条纹

109(112)第1背鳍具6棘；尾鳍后缘圆形

110(111)眼前下方无明显条纹.....................................波氏吻虾虎鱼*Rhinogobius cliffordpopei*

111(110)眼前下方有数条黑色蠕虫状条纹.....................子陵吻虾虎鱼*Rhinogobius giurinus*

112(109)第1背鳍具9～10棘；尾鳍后缘似矛状...........斑尾刺虾虎鱼*Acanthogobius ommaturus*

第二节 海河流域习见鱼类分种描述

01 中华细鲫

Aphyocypris chinensis Günther, 1868

分类地位：鲤形目 Cypriniformes　鲤科 Cyprinidae

鲌亚科 Danioninae　　细鲫属 *Aphyocypris*

别　　名：小银鱼、似细鲫

保护等级：省（直辖市）级（北京）

识别特征 ▶

背鳍iii-6～7；胸鳍 i-11～13；腹鳍 i-6～7；臀鳍iii-7～8。沿体侧正中纵列鳞32～37。

体型小。体细长，稍侧扁，雌性体高比雄性大。背部稍隆起，前腹部圆，腹鳍基至肛门有较发达的腹棱。头小，呈锥形，吻钝圆。口亚上位，下颌稍突出于上颌之前，口裂中等大，向下倾斜。唇薄，无须。眼中等大，位于头侧稍下，较圆，眼间距平坦。鼻孔位于眼前缘上方。体被圆鳞，较大，侧线不完全或个别缺如。背鳍短，无硬刺，外缘微凸，起点位于腹鳍基部之后，距尾鳍基部的距离稍小于至眼后缘的距离；胸鳍末端尖，后伸接近或达到腹鳍起点；腹鳍末端可达肛门；肛门紧邻臀鳍起点之前，与背鳍末根分枝鳍条相对；臀鳍中等长，无硬刺，起点稍后于背鳍基部后端；尾鳍叉形，上下叶约等长，末端稍尖。

国家动物标本资源库标本

　　生活时各鳍微黄或微红色，自鳃盖后上方至尾柄基部中央有1条较宽的黑色纵行条纹，成体更明显，但会随生活环境而产生深浅变化；自头顶至尾鳍基部背缘亦有1条较窄的黑色条纹。福尔马林固定标本身体背部颜色呈灰褐色，体侧腹部向下颜色渐淡。

田晨 摄

生活习性 ▶

　　喜生活在缓流或静水中，如水质清澈的池塘、稻田或小溪流等。好成小群活动，很少见到集大群的现象。游泳十分迅速，呼吸时口的张合幅度很大。生长较缓慢，1龄性成熟，每年的5～6月为繁殖季，怀卵量小。

经济价值 ▶

　　无直接经济价值，偶作原生观赏鱼饲养。

分布 ▶

　　我国东部黑龙江至珠江间各水系均有分布。国外分布于日本，朝鲜和俄罗斯。

02 马口鱼

Opsariichthys bidens Günther, 1873

分类地位：鲤形目 Cypriniformes 鲤科 Cyprinidae

鲌亚科 Danioninae   马口鱼属 *Opsariichthys*

别　　名：凸背鱼、山鳡（gǎn）、桃花鱼、白条、马口、大口扒

保护等级：省（直辖市）级（北京、黑龙江）

识别特征 ▶

背鳍 iii-7～8；胸鳍 i-13～15；腹鳍 i-8；臀鳍 iii-8～9。侧线鳞39～47。

体型较小。体呈长形，侧扁。体背微隆起，腹部圆。吻钝。口大，口裂向下倾斜。下颌前端有一显著突起与上颌中间凹窝相吻合，上下颌侧缘呈"Z"字型凹凸镶嵌。无须。眼稍小，位于头侧上方。鼻孔位于眼前上方。体被圆鳞，稍大，排列整齐。侧线完全，在胸鳍基稍后处呈显著弧形下弯，沿体侧下方向后延伸行入尾柄正中。背鳍起点约与腹鳍起点相对或稍前；胸鳍基紧邻鳃盖后下方，末端尖，后伸不达腹鳍；腹鳍起点约与背鳍起点相对，后缘稍圆，末端不达肛门；肛门紧邻臀鳍起点之前；臀鳍发达，成熟个体最长臀鳍条后伸可达尾鳍基部；尾鳍深分叉，上下叶等长，末端尖。

生活时体背部呈青灰黑色，向腹下部渐呈银白色。福尔马林固定标本体色暗淡，仅体侧后方有1条不太明显的纵行黑条纹。

1cm

国家动物标本资源库标本

生活习性▸

  喜栖息于水流湍急、水质清澈的，以砂石、砾石为底质的山区溪流中，也可见于邻山的水库或湖泊中。水库、湖泊中的个体要比山区河段的大很多，最大个体重可达0.5kg。生性凶猛，游泳迅速，好集群活动。肉食性，幼鱼以浮游生物为食；成鱼捕食小鱼小虾等。繁殖期南北方有差异，多在5～7月。繁殖期内雄性成熟个体在吻端周围和颊部两侧有排列较规则的粗糙珠星；体表色彩绚丽，颊部、偶鳍和尾鳍下叶等处呈橙红色，背鳍鳍膜具黑色斑点，体侧具10～14条橘黄色垂直斑条，与绿蓝色的体表颜色相互辉映。

经济价值▸

  较高。京津冀山区常见野杂鱼，常出现在"农家乐"的餐桌上；因外表美丽，现在也常被当作原生观赏鱼饲养，北方地区水族馆售价可达25元/尾。

分布▸

  我国中东部、西南部很多江河，特别是山区河流中广泛分布。国外分布于朝鲜，老挝，俄罗斯，越南等。

03 宽鳍鱲(liè)

Zacco platypus (Temminck *et* Schlegel, 1846)

分类地位：	鲤形目 Cypriniformes 鲤科 Cyprinidae
	鲃亚科 Danioninae 鱲属 *Zacco*
别　　名：	双尾鱼、桃花鱼、红翅子（辽宁）、石鲅（bì）鱼（《本草纲目》）
保护等级：	省（直辖市）级（北京）

识别特征 ▶

背鳍 iii-7；胸鳍 i -13～15；腹鳍 i -8；臀鳍 iii-8～9。侧线鳞41～45。

体型较小。体呈长形，侧扁。背部微隆起，腹部圆。头较短，口端位，口裂向下倾斜，下颌顶端有一不明显的突起，与上颌前端的凹陷处相互吻合。无须。眼较大，位于头侧上方，稍近吻端。体被圆鳞，稍大，排列整齐，在腹鳍基部具1枚向后生出的腋鳞。侧线完全，在腹鳍处向下呈弧形弯曲，向后延伸行入尾柄正中。背鳍起点约与腹鳍起点相对或稍前；胸鳍基紧邻鳃盖后下方，末端尖，后伸一般不达腹鳍起点；腹鳍后缘稍圆钝，末端后伸可达肛门；臀鳍条延长，成熟个体最长臀鳍条后伸可超过尾鳍基部；尾鳍叉形，下叶稍长于上叶，末端尖。

幼鱼体色相对普通，背部黑灰、腹部亮白，体侧呈亮银色；成鱼体色相对丰富，体侧通常具10余条黑色或灰色条纹，胸鳍上有黑色斑点，背鳍和尾鳍呈灰色，尾鳍后缘略带黑色，眼上方常具1块橘红色月牙状斑块。繁殖期体色极为鲜艳。

国家动物标本资源库标本

生活习性 ▶

　　喜栖息于山区溪流中，尤其是以砂石或砾石为底质的水体。通常成群活动，活泼善游，常跃出水面。肉食性，以小型鱼类和水生昆虫为食。1龄性成熟，于春末夏初时在急流中产卵。繁殖期内，体色变得尤其绚丽，雄鱼身体两侧呈现出明显的12～13条垂直桃红色条纹（雌鱼略少，通常为10条），与青绿色条纹交互辉映；其余各鳍带有橘红色条纹，臀鳍显著延长。故得名"桃花鱼""宽鳍鱲"。因外表美丽，现在已成为各地区热门的原生观赏鱼。

经济价值 ▶

　　较高。京津冀山区常见野杂鱼，常出现在"农家乐"的餐桌上；作为目前常见原生观赏鱼，北方地区水族馆售价可达20元/尾。

分布 ▶

　　我国东部、南部包括台湾山区河流广泛分布。国外分布于日本，朝鲜和越南。

04 草鱼

Ctenopharyngodon idella (Valenciennes, 1844)

分类地位：鲤形目 Cypriniformes　鲤科 Cyprinidae
雅罗鱼亚科 Leuciscinae　草鱼属 *Ctenopharyngodon*

别　　名：鲩（huàn）、草棍、肉棍（江苏）、厚子（天津）、鰀（huàn）（《本草纲目》）

保护等级：省级（黑龙江）

识别特征▶

　　背鳍iii-7；胸鳍 i -16；腹鳍 i -8；臀鳍iii-8。侧线鳞39～46。

　　体型较大。体呈长形，前躯近圆筒状，后部稍侧扁。背部较平直，腹部圆。头中等大，宽而平扁，吻短钝。口端位，口裂弧形，上颌略长于下颌。无须。眼中等大，眼间隔宽。体被较大圆鳞，排列整齐，在腹鳍基部具1枚向后生出的腋鳞。侧线完全，于胸鳍后方微微向下弯曲，向后延伸行入尾柄正中。背鳍无硬刺，其起点与腹鳍起点相对或稍前，末端稍圆；胸鳍圆钝，后伸不达腹鳍；腹鳍稍圆钝，后伸不达臀鳍；肛门紧邻臀鳍起点之前；臀鳍短，稍圆钝；尾鳍叉形，上下叶约等长，末端圆钝。

　　体呈草褐色或茶黄色，背部青灰色，腹部白色，偶鳍略带灰黄色，其他各鳍色淡。

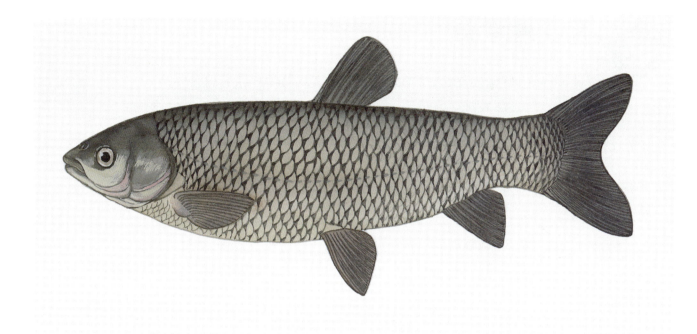

生活习性

　　喜生活在江河、湖泊、水库等水草茂密的水域，通常栖息于水体的中下层。冬季有迁至深水处越冬的习性。生性活泼，游泳迅速。好成群觅食，鱼苗主要以浮游动物为食，幼鱼兼食昆虫、蚯蚓、藻类及芜萍、浮萍等，体长达到约100mm时开始摄食高等水生植物；在池塘养殖中，除水草之外，工业废品和旱草也可以作为饲料，生长十分迅速，常见个体1～2kg，最大能超过50kg。适宜生长的水温为22～28℃，对低氧的耐受力较差。南北方草鱼的繁殖期有差异，但主要在4～7月（集中在5月）间，产半漂流性卵；成鱼到江河流水中生殖，幼鱼到支流或通江湖泊中育肥。

经济价值

　　重大。草鱼食料简单、鱼苗易得、生长迅速、肉质鲜美，是我国"四大家鱼"之一，为重要的养殖品种；在鱼塘养殖中，渔民常以草鱼开荒，消除水草的同时以草鱼排泄物培养浮游生物，进而成为后期养殖鲢、鳙的饵料。

分布

　　我国东部黑龙江至珠江各大江河广泛分布；国外分布于俄罗斯阿穆尔河流域，越南等，目前已被广泛引入世界很多地区。

　　注:在自然环境中,随着近代水利建设的开展,海河流域已经很少有适合草鱼自然繁殖的水体,目前在自然—半自然水体中见到的草鱼应全为养殖种。

05 瓦氏雅罗鱼

Leuciscus waleckii waleckii (Dybowski, 1869)

分类地位： 鲤形目 Cypriniformes　　鲤科 Cyprinidae

雅罗鱼亚科 Leuciscinae　雅罗鱼属 *Leuciscus*

别　　名： 滑鱼、华子、白鱼、江鱼、沙包（东北）

保护等级： 省（直辖市）级（北京、黑龙江）

识别特征 ▶

背鳍iii-7；胸鳍 i -16～17；腹鳍 i -9～10；臀鳍iii-9～11。侧线鳞50～56。

体型较大。体长梭形，侧扁，腹侧宽圆。头锥形，吻圆钝。口端位，口裂斜，上颌略长于下颌。唇薄。无须。眼较大，位于头侧上方，眼间隔较平坦。鼻孔靠近眼前缘上方。体被圆鳞，中等大，腹部鳞片比体侧鳞片小。侧线完全，于胸鳍后方向下弯曲，呈弧形向后延伸行入尾柄正中。背鳍短，无硬刺，起点与腹鳍相对或稍后；胸鳍短，后伸不达腹鳍；腹鳍后伸不达臀鳍；臀鳍起点位于背鳍末根分枝鳍条之后；尾鳍分叉较深，上下叶等长，末端较尖。

生活时体背呈灰黑色，腹部银白色，背鳍与尾鳍灰黄色，其他各鳍橘黄色。

1cm

天津自然博物馆馆藏

生活习性 ▷

　　喜栖息于河口、小河汊、沟渠和湖塘等以砂砾为底质的缓流清澈水体中上层。冬季有迁至深水处越冬的习性。好群游，对环境变化反应敏锐，故得名"滑鱼"。对水体含氧量要求甚高，捕获后极易死亡。杂食性，主要以水生昆虫、桡足类等为食，兼食水生高等植物、藻类、小鱼等。春季繁殖，但南北方有差异，主要集中在4月中旬至5月中旬。繁殖期内雄鱼的吻部、胸鳍、臀鳍等处有明显的粗糙珠星，臀鳍显著增厚；雌鱼副性征不明显。产黏性卵，产卵场多选在水流湍急的清澈水体中，受精卵黏附在水草、石块等物体上发育；孵化期约12天，仔鱼在吸收完卵黄囊之前好躲在石下生活。

经济价值 ▷

　　较高。瓦氏雅罗鱼肉质鲜美，最大个体能达400mm，在内蒙古达里诺尔湖的产量尤其大，仅次于鲤、鲫。北京市官厅水库在20世纪六七十年代曾有较大产量，但后来种群数量急剧下降；天津市曾于1977年自内蒙古引入鱼种进行养殖，但自20世纪80年代初基建鱼塘垫土后，种群也随之消失。

分布 ▷

　　我国黑龙江、绥芬河、达里诺尔湖、岱海、滦河、海河和黄河下游均有分布。国外分布于俄罗斯，蒙古国和朝鲜。

06

青鱼

Mylopharyngodon piceus (Richardson, 1846)

分类地位： 鲤形目 Cypriniformes　鲤科 Cyprinidae

雅罗鱼亚科 Leuciscinae　青鱼属 *Mylopharyngodon*

别　　名： 青鲩（huàn）、乌鲩、螺蛳（sī）青、钢青、青棒、五侯鲭（qīng）（古名）、

鰡（lóu）鱼（《本草纲目》）

保护等级： 省级（黑龙江）

识别特征 ▶

背鳍 iii-7；胸鳍 i-16；腹鳍 i-8；臀鳍 iii-8～9。侧线鳞40～44。

体型大。体呈长形，前躯呈粗壮圆筒形，后部较侧扁。背部较平，腹部圆。头中等大，头顶处宽平。吻短，前端圆钝。口端位，口裂稍斜，上颌略长于下颌。无须。眼中等大，位于头侧正中，眼间隔宽平。鼻孔接近眼前缘上方。体被圆鳞，排列较整齐，腹鳍基部具1枚向后生出的发达腋鳞。侧线完全，在腹鳍上方微向下弯曲，向后平直延伸行入尾柄正中。背鳍短，无硬刺，起点位于腹鳍起点前；胸鳍短，后端圆钝，后伸不达腹鳍；腹鳍后伸不达肛门（个别幼鱼可达肛门）；肛门紧邻臀鳍起点之前；臀鳍短；尾鳍叉形，上下叶约等长，末端较圆钝。

生活时体呈青灰色，背部青黑色，腹部灰白，各鳍均近黑色。

1cm

国家动物标本资源库标本

生活习性 ▶

　　喜栖息于江河、湖泊、水库等水体的中下层，很少到水面活动。冬季有迁至河床深处越冬的习性。肉食性，鱼苗主要以浮游动物为食；体长达到约150mm时开始摄食小型贝类和螺类等；随着个体的生长发育，下咽齿逐渐发育完全，碾压能力加强，转而摄食蚌、蚬、螺蛳等水生软体动物；此外，也摄食虾蟹、昆虫幼虫等。多数个体4～5龄性成熟，一般体长超过900mm，体重逾12kg。繁殖期在5～7月，多集中在6月，东北地区稍迟；在江河干流流速较高的水域繁殖，产漂流性卵。仔鱼孵化后在通江湖泊及附属水体中育肥。

经济价值 ▶

　　重大。青鱼为我国"四大家鱼"之一，也属于中国内陆鱼类中体型较大的种类。其肉质鲜美、生长迅速，三年内一般可长至5kg以上，最大者能超过70kg。青鱼的养殖一般采取混养方式，常搭配鲤、鲢、鳙、等。鱼塘中投入螺蛳作为青鱼的饲料，鲤可以在塘底拾取青鱼食物残渣；鲢、鳙主要以浮游生物为食，不仅与鲤、青鱼没有矛盾，还能最大限度地利用鱼塘中的天然饲料，继而获得更高的收益。另外，野生大青鱼的枕骨下方有一用于辅助压碎螺蛳等硬质食物的角质增生。其色嫩黄、形如心，干透后坚硬如石、晶莹剔透、如翠似玉，在客家地区被奉为珍稀之物，名为青鱼石，又称黑鲩石、鱼惊石、鱼精石、鱼枕石等。

分布 ▶

　　我国东部黑龙江至珠江各大水系均有分布。国外自然分布于俄罗斯阿穆尔河流域等，目前已被引入欧洲等地。

　　注：海河流域原有自然分布，但随着近代水利建设的开展，流域内已经很少有适合青鱼自然繁殖的水体，目前在自然—半自然水体中见到的青鱼应全为养殖种。

07 拉氏大吻鲅(guì)

Rhynchocypris lagowskii (Dybowski, 1869)

分类地位： 鲤形目 Cypriniformes　　鲤科 Cyprinidae

雅罗鱼亚科 Leuciscinae　大吻鲅属 *Rhynchocypris*

别　　名： 奶包子、柳根子、长尾鲅、拉氏鲅

保护等级： 省（直辖市）级（北京、黑龙江）

识别特征 ▶

背鳍iii-7；胸鳍 i -14；腹鳍 i -7；臀鳍iii-7。侧线鳞71～86。

体型小。体呈长形，腹部圆。头尖长，吻较长且平扁。口亚下位，斜半卵圆形。唇薄。无须。眼较大，位于头侧上方。体被细小圆鳞，排列紧密，仅头部无鳞。侧线完全，较平直，向后延伸行入尾柄正中。背鳍短小，末端略尖；胸鳍短，呈椭圆形，其起点紧邻鳃盖后缘，后伸约达胸鳍、腹鳍基间距正中；腹鳍短小，末端圆钝，其起点位于背鳍起点前，后伸略达肛门；肛门紧邻臀鳍起点之前；臀鳍近三角形，后缘平截，其起点在背鳍基之后；尾鳍分叉，上下叶等长，末端略尖。

生活时体背侧呈草灰色，腹部渐淡，呈淡黄色或白色；背鳍前后各有1条明显的纵行长斑，体背及两侧多具不规则的黑褐色小杂点。各鳍呈浅橘黄色，背鳍与尾鳍稍显灰或微绿。

注：与尖头大吻鲅相比，尾柄细长，长为高的2倍以上；体侧具暗色纵带。

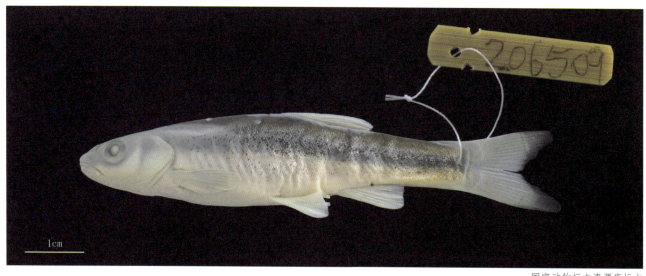

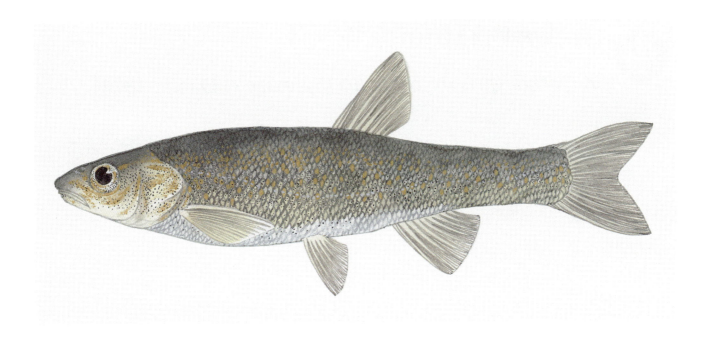

生活习性 ▶

　　喜栖息于山区溪流的中下层，尤其是水质清澈、水温较低、含氧量高的水体。杂食性，以硅藻、水生昆虫、枝角类等为食。2龄性成熟，于春末夏初6～8月分批产卵，卵黏性，黏附在水草及水底砾石上孵化；水温14～17℃时，受精卵经5～7天可孵出仔鱼。

经济价值 ▶

　　潜在经济价值较高。拉氏大吻鱥生长快、产量高，肉质细嫩鲜美、肌间刺少，蛋白质和不饱和脂肪酸含量高，营养丰富。在我国北方尤其是吉林省延边地区、黑龙江等地深受人们喜爱。目前在市场中货源紧缺、价格走俏，一般为中大型淡水鱼价格的5～6倍。近年来，辽宁省、吉林省均在拉氏大吻鱥的人工养殖上取得了突破性进展；海河流域内目前尚未开展重点养殖，多捕获山区溪流中的野生种食用，山区农家乐中常见此鱼。

分布 ▶

　　我国黑龙江、图们江、辽河、海河和黄河均有分布。国外分布于朝鲜，俄罗斯和蒙古国。

08 尖头大吻鳅(guì)

Rhynchocypris oxycephalus (Sauvage *et* Dabry, 1874)

分类地位：鲤形目 Cypriniformes　鲤科 Cyprinidae
雅罗鱼亚科 Leuciscinae　大吻鳅属 *Rhynchocypris*

别　　名：奶包子、柳根子、白漂、尖头鳅

保护等级：省（直辖市）级（北京）

识别特征 ▶

背鳍 iii-8；胸鳍 i-14；腹鳍 i-7；臀鳍 iii-7。侧线鳞72～85。

体型小。体呈长形，腹部圆。头尖长，吻较长且平扁。口亚下位，斜半卵圆形。唇薄。无须。眼较大，位于头侧上方。体被细小圆鳞，排列紧密，仅头部无鳞。侧线完全，较平直，向后延伸行入尾柄正中。背鳍短小，末端略圆钝；胸鳍短，呈椭圆形，其起点紧邻鳃盖后缘，后伸约达胸鳍、腹鳍基间距正中；腹鳍短小，末端圆钝，其起点位于背鳍起点前，后伸略达肛门；肛门紧邻臀鳍起点之前；臀鳍后缘平截，其起点在背鳍基之后；尾鳍分叉浅，上下叶等长，末端略尖。

生活时体背侧呈草灰色，腹部渐淡，呈淡黄色或白色；背鳍前后各有1条明显的纵行长斑，体背及两侧多具不规则的黑褐色小杂点。各鳍呈浅灰色。

注：与拉氏大吻鳅相比，体型稍显侧扁，尾柄略短，长为高的2倍以下；体侧不具暗色纵带。

1cm

国家动物标本资源库标本

生活习性 ▶

  喜栖息于山区溪流的中下层，尤其是水质清澈、水温较低、含氧量高的缓流水体。杂食性，以硅藻、水生昆虫、枝角类等为食。于春季产卵，卵黏性，黏附在水草及水底砾石上孵化。

经济价值 ▶

  潜在经济价值较大。与拉氏大吻鳄的生物学特征基本相同，但目前尚无尖头大吻鳄繁育的相关报道。海河流域内的山区溪流中有一定产量，山区农家乐中常供应此鱼。

分布 ▶

  我国辽宁大凌河和赤子河、海河、黄河、长江、闽江、钱塘江等均有分布，珠江流域西江水系个别支流可能也有分布(如广西猫儿山个别溪流)。

09 赤眼鳟(zūn)

Squaliobarbus curriculus (Richardson, 1846)

分类地位：鲤形目 Cypriniformes   鲤科 Cyprinidae

雅罗鱼亚科 Leuciscinae 赤眼鳟属 *Squaliobarbus*

别　　名：野草鱼、火烧草鱼、醉角眼、红眼鱼、赤眼棒、马郎棒（山东）

保护等级：省（直辖市）级（北京、甘肃、黑龙江）

识别特征 ▶

背鳍 iii-7；胸鳍 i-14；腹鳍 i-8；臀鳍 iii-7～8。侧线鳞43～47。

体型较大。体呈长形，前躯近圆筒状，后部渐侧扁，腹部圆。头呈圆锥形，顶部宽平，吻短钝。口端位，口裂宽，略呈弧形。上下唇较厚。上颌须2对，极短小，不明显。眼中等大，侧上位。鼻孔距眼前缘较距吻端为近。体被较大圆鳞，腹鳍基部具1枚向后生出的狭长腋鳞。侧线完全，在胸鳍处略呈弧形下弯，向后平直延伸行入尾柄正中。背鳍无硬刺，外缘较平直，其起点与腹鳍起点相对；胸鳍呈三角形，末端后伸远不达腹鳍起点；腹鳍较短，末端后伸远不达臀鳍起点；肛门紧邻臀鳍起点之前；臀鳍基部较长，外缘较平直；尾鳍深分叉，上下叶约等长，末端尖。

生活时眼上缘有1块明显红斑，故得名"赤眼鳟"。除背部颜色较深外，通体银白色略带浅黄；侧线以上的鳞片基部均有1块黑斑。背、尾鳍深灰色，尾鳍具浅黑色边缘，其他各鳍灰白色。

1cm

天津自然博物馆馆藏

生活习性 ▶

　　喜栖息于江河中水流较缓的洄水湾或湖泊等开敞水域，成鱼多在水体中层活动，幼鱼常在沿岸浅水中觅食。生性活泼、游泳迅速，除繁殖期外不好集群。杂食性，以藻类和水生高等植物为主，兼食鱼卵、小鱼、水生昆虫和淡水壳菜等。2龄性成熟；繁殖期多在6～8月，7月为盛期；一般在支流沿岸水草繁盛的流水中或浅滩处产卵，卵稍成绿色，沉性。

经济价值 ▶

　　较大。虽然赤眼鳟生长速度较慢（3龄不足0.5kg），成年个体也很少超过2.5kg，但此鱼对环境的适应力强、食性杂，方便与其他鱼类混养，所以一直以来都作为经济鱼类被广泛养殖。

分布 ▶

　　我国除青藏高原、西北地区外，其他地区各大水系均有分布。国外分布于俄罗斯，朝鲜，越南等。

　　注：海河流域中，赤眼鳟于20世纪五六十年代在北京地区广泛分布，但近年来野外资源急剧下降，多次对京津冀地区的野外考察都未曾有采集记录。目前在自然—半自然水体中的赤眼鳟应全为养殖种。

10

蒙古红鳍鲌（bó）

Chanodichthys mongolicus mongolicus (Basilewsky, 1855)

分类地位：鲤形目 Cypriniformes　鲤科 Cyprinidae

　　　　　鲌亚科 Cultrinae　　　　红鳍鲌属 *Chanodichthys*

别　　名：翘嘴、红梢子、蒙古红鲌

保护等级：省（直辖市）级（天津、黑龙江）

识别特征 ▶

　　背鳍iii-7；胸鳍 i -14～18；腹鳍 i -8；臀鳍iii-18～22。侧线鳞70～79。

　　体型较大。体呈长形，侧扁。头后背部明显隆起，腹部略圆；腹鳍至肛门具腹棱；尾柄较长。头稍长，头顶较平。吻略长，较钝。口端位，口裂斜向上。下颌突出，稍长于上颌。无须。眼中等大，侧上位。鼻孔位于眼前上方。体被较细小圆鳞，腹鳍基部具1枚向后生出的狭长腋鳞。侧线完全，在腹鳍前略下弯，随后平直延伸行入尾柄正中。背鳍外缘平截，末根不分枝鳍条为光滑硬刺；胸鳍后端略尖，后伸接近腹鳍起点；腹鳍较小，末端后伸不达肛门；肛门紧邻臀鳍起点之前；臀鳍基较宽；尾鳍深叉形，上下叶约等长，末端尖。

　　生活时体背呈灰褐色，体侧到腹部渐转银白色。尾鳍上叶橘红或橘黄色，下叶浅红或鲜红色，后缘具黑边；其他各鳍前段呈浅橘红色，后段颜色渐淡。福尔马林固定标本体背部呈浅灰褐色，体侧及腹部灰白色；尾鳍后缘灰黑色，其他各鳍灰白色。

国家动物标本资源库标本

生活习性 ▶

喜栖息于河湾，特别是湖泊、水库等水流稍缓或静水开敞水域的中上层，在清晨或黄昏时段，偶尔会集群在水面围猎小鱼，钓鱼人称这种情况为"炸水"。秋季开始由浅水湖迁至深水处越冬。好群游，生性活泼、游泳迅速。肉食性、性凶猛。幼鱼以枝角类、水生昆虫等为食；成鱼捕食其他小鱼、小虾等。1龄即达性成熟，繁殖期内雄鱼头、背、胸、腹及胸鳍外侧均布满粗糙的珠星。产卵期集中在春末夏初，一般在流水中产卵；卵弱黏性，白色透明，黏附在水底杂草或石块等物体上孵化。

经济价值 ▶

较大。蒙古红鳍鲌属于较大型鱼类，最大体重可达3kg。其肉质细嫩鲜美、营养丰富，自然分布极广。我国各大河流、湖泊中均盛产，在捕捞业中占据重要地位。

分布 ▶

我国黑龙江到珠江间各水系包括海南岛均有分布。国外分布于蒙古国，俄罗斯和越南。

11

翘嘴鲌(bó)

Culter alburnus Basilewsky, 1855

分类地位：鲤形目 Cypriniformes　鲤科 Cyprinidae
　　　　　鲌亚科 Cultrinae　　　　鲌属 *Culter*

别　　名：翘嘴、翘壳、大白鱼、噘嘴鲢子、翘嘴红鲌

保护等级：省(直辖市)级(天津、黑龙江、陕西)；《台湾淡水鱼类红皮书》(近危)

识别特征 ▶

背鳍iii-7；胸鳍 i -15～17；腹鳍 i -8；臀鳍iii-24～28。侧线鳞80～93。

体型大。体呈长形，侧扁。头背缘平直，后部微隆起；腹缘弧形，腹鳍至肛门具腹棱。头较长，吻部较短。口上位，口裂竖直向下。下颌坚厚，急剧突出并上翘。无须。眼大，位于头侧上方。鼻孔位于眼前缘前上方。体被细小圆鳞，腹鳍基部具1枚向后生出的腋鳞。侧线完全，前段呈弧形下弯，随后平直延伸行入尾柄正中。背鳍外缘略平截，末根不分枝鳍条为粗壮光滑的硬刺；胸鳍较短、末端尖，后伸接近腹鳍起点；腹鳍小于胸鳍，末端后伸不达肛门；肛门紧邻臀鳍起点之前；臀鳍长，外缘略凹入；尾鳍深分叉，末端尖。

生活时体背部黑灰色，体侧及腹部渐为银白色。各鳍青灰色，尾鳍后缘略黑。

1cm

生活习性 ▶

    喜栖息于大水体，特别是湖泊、水库等大水面流水、缓流或静水开敞水域的中、上层；幼鱼主要集群生活于水流更缓的水域，如湖泊近岸、江河沿岸以及支流、河道和港湾等处。冬季有集群在河床或湖槽中越冬的习性。游泳迅速、善于跳跃。肉食性、性凶猛。幼鱼主要以枝角类、桡足类和水生昆虫等为食；成鱼则主要捕食其他鱼、虾等。翘嘴鲌在近水面猎食时，因口部猛烈开合常会发出极为特殊的"嘣"声。雄鱼2龄性成熟，雌鱼3龄性成熟。繁殖期主要集中在6～7月间，产黏性卵，受精卵附着在漂浮于水面的水生植物茎叶上孵化。

经济价值 ▶

    经济价值重大。我国各江河、湖泊多盛产此鱼，其肉质细嫩、味道鲜美，在天然渔获物中占有相当重要的地位。古籍中也有很多"白鱼"相关的记载，如太湖就是以盛产"白鱼"而闻名，这里的"白鱼"主要就是指翘嘴鲌。

分布 ▶

    我国自黑龙江至珠江各大水系及台湾均有分布。国外分布于蒙古国和俄罗斯。

12 **红鳍原鲌(bó)**

Cultrichthys erythropterus (Basilewsky, 1855)

分类地位：鲤形目 Cypriniformes　鲤科 Cyprinidae

鲌亚科 Cultrinae　　　原鲌属 *Cultrichthys*

别　　名：白鱼、短尾鲌、红鳍鲌、翘嘴、翘嘴红鲌

识别特征 ▶

　　背鳍iii-7；胸鳍 i -14～16；腹鳍 i -8；臀鳍iii-25～29。侧线鳞62～69。

　　体型较大。体呈长形，侧扁。头短小侧扁，背缘平直，头后颈部显著隆起；腹缘弧形，在腹鳍基部处常略微凹入，胸鳍至肛门具完整腹棱。吻短钝。口上位，口裂近似竖直向下。下颌突出于上颌，较肥厚。无须。眼较大，侧上位，眼间隔较宽，微凸。鼻孔位于眼的前上方。体被细小而薄的圆鳞，鲜活时如镜面一般，易脱落；腹鳍基具1枚向后生出的三角形腋鳞。侧线完全，前部在腹鳍前方略呈弧形下弯，向后平直延伸行入尾柄正中。背鳍外缘平截，末根不分枝鳍条为光滑的硬刺；胸鳍末端尖，后伸接近或略过腹鳍起点；腹鳍较短，末端后伸不达肛门；肛门紧邻臀鳍起点之前；臀鳍基部宽，外缘平截；尾鳍深分叉，下叶略长于上叶，末端尖。

　　生活时背部呈灰褐色，体侧和下腹部银白色。体侧鳞片后缘具黑色小斑点。尾鳍上叶青灰色，其余各鳍均带橙红色，以臀鳍最为明显。雄鱼在繁殖季节时，头部和胸鳍上均布有粗糙的珠星。

天津自然博物馆馆藏

生活习性 ▶

　　喜栖息于缓流或水草茂密的静水水域，如江河洄水湾或湖泊、水库等大水面的上层；幼鱼常群集在沿岸浅水处觅食。冬季有迁至深水处越冬的习性。肉食性、性凶猛。幼鱼主要以枝角类、桡足类和水生昆虫等为食；成虫则主要捕食鱼、虾等。雌鱼2龄性成熟。繁殖期集中在5～7月，一般在静水中产黏性卵，受精卵黏附在水草的茎叶上发育。

经济价值 ▶

　　较大。肉质细嫩、味道鲜美，且我国各大湖泊均产，在天然渔获物中占一定比例。海河流域内，人们多以此鱼做成油煎小鱼或鱼罐头。

分布 ▶

　　我国东部黑龙江至海南岛间各水系及台湾和香港等均有分布。国外分布于俄罗斯，朝鲜，越南等。

13 贝氏鳘(cān)

Hemiculter bleekeri Warpachowsky, 1887

分类地位：	鲤形目 Cypriniformes　鲤科 Cyprinidae
	鲌亚科 Cultrinae　　　鳘属 *Hemiculter*
别　　名：	鳘条、油鳘、华鱼、白条、小白鱼
保护等级：	省级（黑龙江）

识别特征 ▶

背鳍iii-7；胸鳍 i -12～14；腹鳍 i -8；臀鳍iii-12～15。侧线鳞40～48。

体型较小。体呈长形，侧扁；腹缘略呈弧形，自胸鳍至肛门具完整腹棱。头略尖，头顶较平直。吻短，稍尖。口端位，斜裂，两颌约等长。无须。眼中大，侧位。体被薄圆鳞，易脱落。侧线完全，自头部呈弧形缓缓下弯，与腹缘行至臀鳍基后折向上弯曲，随后行入尾柄正中。背鳍起点约与腹鳍起点相对或稍后，末根不分枝鳍条为硬刺；胸鳍末端尖，后伸不达腹鳍起点；腹鳍短小，后伸远不达臀鳍起点；肛门紧邻臀鳍起点之前；尾鳍深分叉，下叶长于上叶，末端尖。

生活时背部略带灰色，体侧及腹部银白色。各鳍浅灰白色。

1cm

国家动物标本资源库标本

生活习性 ▶

　　喜栖息在江河、湖泊等大水面缓流或静水的中上层，好集群在沿岸浅水区觅食。冬季有迁至深水处越冬的习性。生性活泼、游泳迅速。杂食性，主要以水生昆虫为食，兼食高等植物碎屑，以及昆虫卵、枝角类和藻类等。1龄性成熟，繁殖期集中在5～7月，常集千尾以上大鱼群逆着水流跳跃游动，进行产卵活动。卵浮性，漂浮于水面孵化。

经济价值 ▶

　　潜在价值较大。贝氏鳘虽然个体较小，但分布极广、天然资源量大，如内蒙古呼伦湖中主要的捕捞对象就是此鱼。其肉质鲜美、含脂量较高，可晒制鱼干也可制罐头。但目前海河流域内只当小杂鱼处理，将来或可发展为特色渔业对象。

分布 ▶

　　我国除西部高原区域外，其他地区各大水系广泛分布。国外分布于越南，朝鲜，日本，蒙古国和俄罗斯等。

14 鳘(cān)

Hemiculter leucisculus (Basilewsky, 1855)

分类地位： 鲤形目 Cypriniformes　鲤科 Cyprinidae
　　　　　鲌亚科 Cultrinac　　　鳘属 *Hemiculter*

别　　名： 鳘条、鳘子、白条、青鳞子、朝鲜鳘

识别特征 ▶

背鳍iii-7；胸鳍 i -13～14；腹鳍 i -7～9；臀鳍iii-11～14。侧线鳞48～52。

体型较小。体呈长形，侧扁；背部略隆起，腹缘略呈弧形，自胸鳍至肛门具完整腹棱。头略尖，头顶较平直。吻短。口端位，口裂斜，上下颌等长。眼大，侧位，眼间隔稍宽，微隆起。体被细小而薄的圆鳞，易脱落；腹鳍基部具1枚向后生出的狭长腋鳞。侧线完全，自胸鳍后方显著下弯，沿腹缘向后延伸至臀鳍基后又折向上，随后行入尾柄正中。背鳍外缘略平截，末根不分枝鳍条为光滑硬刺；胸鳍较长，末端尖，后伸一般不达腹鳍起点；腹鳍较短，末端后伸远不达肛门；肛门紧邻臀鳍起点之前；臀鳍基部较长，外缘略凹入；尾鳍深分叉，下叶稍长于上叶，末端尖。

生活时体背部呈青灰色，具草绿色金属光泽；体侧和腹部呈银白色。背鳍和尾鳍呈黑褐色，尾鳍边缘颜色更深，其他各鳍灰白色。

1cm

天津自然博物馆馆藏

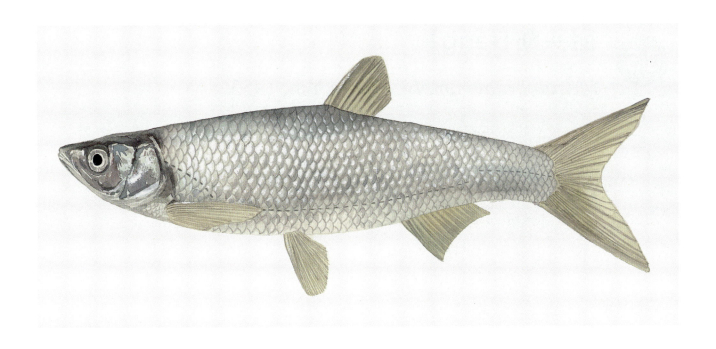

生活习性▸

喜栖息于湖泊、水库等静水或缓流水体的上层。生性活泼、游泳迅速、生命力强，好集群在沿岸浅水区觅食。冬季有迁至深水处越冬的习性。杂食性，幼鱼主要摄食浮游动物；成鱼主要以藻类为主，兼食高等植物碎屑、水生昆虫及甲壳类等。1龄性成熟，繁殖期集中在5～7月，于静水或缓流的浅水区产黏性卵，产卵过程有集群逆水跳滩的行为，受精卵黏附在水草或石块上孵化。

经济价值▸

潜在价值较大。鳘虽然个体较小，但繁殖力强、生长迅速，且适应能力强，在许多水体中都能形成较大的种群，自然资源量巨大。目前海河流域内只当小杂鱼处理，实际上鳘是制造鱼罐头的上等原料，将来或可发展为特色渔业对象。

分布▸

我国除青藏高原、西北地区外，其他地区各大水系均广泛分布。国外分布于越南，朝鲜，日本，蒙古国和俄罗斯。

15 团头鲂（fáng）

Megalobrama amblycephala Yih, 1955

分类地位：鲤形目 Cypriniformes　鲤科 Cyprinidae
　　　　　鲌亚科 Cultrinae　　　　鲂属 *Megalobrama*

别　　名：扁鱼、角鳊（biān）、武昌鱼

识别特征 ▶

　　背鳍 iii-7；胸鳍 i -16～17；腹鳍 i -8；臀鳍 iii-27～28。侧线鳞52～58。

　　体型较大。体显著高而侧扁；自头后开始显著隆起，至背鳍起点呈圆弧形；腹缘亦呈圆弧形，腹鳍基至肛门间具腹棱。头短小，吻短钝。口端位，口裂略斜；上、下颌均具窄而薄的角质。无须。眼较大，侧位。体被圆鳞，中等大，腹鳍基部具1枚向后生出的腋鳞。侧线完全，约位于体侧中央，前部略呈弧形，后部平直延伸行入尾柄正中。背鳍位于身体最高处，末根不分枝鳍条为粗壮光滑的硬刺；胸鳍末端略钝，后伸接近或达到腹鳍起点；腹鳍较短，末端圆钝，后伸不达肛门；肛门紧邻臀鳍起点之前；臀鳍基宽，外缘平截稍凹；尾鳍深分叉，上下叶约等长，末端稍钝。

　　生活时体呈深青灰色，背部更深。体侧鳞片基部颜色较浅，两侧呈灰黑色，故形成数行深浅相交的纵纹。各鳍均呈灰黑色。

1cm

天津自然博物馆馆藏

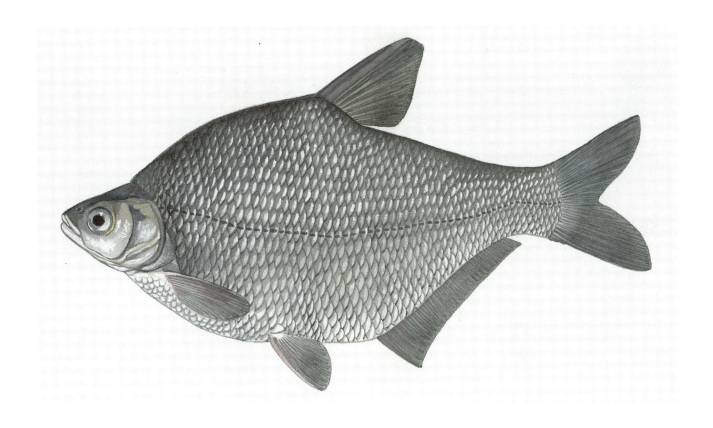

生活习性 ▶

　　喜生活于湖泊、水库等静水或缓流水体的中下层，尤其是生有沉水植物的敞水区。冬季有迁至深水处泥坑中越冬的习性。植食性，幼鱼阶段主要摄食枝角类和甲壳类，兼食少量水生植物嫩叶；成鱼开始主要以高等水生植物为食，特别是苦草、轮叶黑藻等。一般2龄性成熟，繁殖期集中在5～6月，一般于底质为软泥并生长有茂密水生维管束植物的静水中产卵。卵黏性，浅黄略带绿色，光滑透明，黏附在水草上孵化。

经济价值 ▶

　　重大。团头鲂生命力顽强，可在静水中生长、繁殖，发育快且成熟早；其肉质鲜美，含脂量高，深受人们欢迎。现在全国各地广泛养殖，多为当地较名贵的经济鱼类。

分布 ▶

　　国内原自然分布仅在长江中下游流域的附属湖泊中，现已广泛养殖。

注:海河流域自然—半自然水体中目前所见的团头鲂应均为人工养殖引入种。

16 鳊(biān)

Parabramis pekinensis (Basilewsky, 1855)

分类地位： 鲤形目 Cypriniformes 鲤科 Cyprinidae

鲌亚科 Cultrinae 鳊属 *Parabramis*

别　　名： 北京鳊、长鳊、长春鳊、辽河鳊、鳊花（东北）、槎 (chá) 头鳊（古名）

保护等级： 省（直辖市）级（北京、黑龙江）

识别特征 ▶

背鳍iii-7；胸鳍 i -14～16；腹鳍 i -8；臀鳍iii-27～32。侧线鳞52～61。

体型较大。体较高且侧扁，呈长菱形；背部隆起，腹缘呈弧形，胸鳍至肛门之间具明显腹棱。头小，略尖，吻短。口端位，口裂小而斜。无须。眼略大，侧位。鼻孔位于眼前上缘。体被较大圆鳞，腹鳍基部具1枚向后生出的腋鳞。侧线完全，约位于体侧中央，前部略呈弧形，随后平直延伸行入尾柄正中。背鳍位于身体最高处，末根不分枝鳍条为粗壮光滑的硬刺；胸鳍末端尖，后伸接近腹鳍起点；腹鳍较短小，末端后伸远不达臀鳍起点；肛门紧邻臀鳍起点之前；臀鳍基宽，外缘平截稍凹；尾鳍深分叉，下叶稍长于上叶，末端尖。

生活时背部呈青灰色，带有浅绿色金属光泽；体侧至腹部渐银白色，鳞片边缘带黑色。各鳍浅灰色，背鳍、臀鳍和尾鳍外缘带灰黑色。

1cm

生活习性 ▶

　　喜栖息于江河、湖泊等大水面缓流或开阔水域的中下层，尤其是有岩石的河床上；幼鱼多生活在浅水区的湖汊或河湾中。冬季有集群迁至深水处越冬的习性。植食性为主，幼鱼主要以藻类、浮游动物和水生昆虫为食；成鱼随季节变化食物组成也不同，冬末春初主要摄食藻类和浮游动物，春末夏初至秋天是鳊摄食最旺盛的季节，主要以高等植物及种子、杂草等为食，兼食藻类和无脊椎动物，偶尔也捕食小鱼。2龄性成熟，春季繁殖，6～7月为产卵盛期。产卵场一般选在流水河道中，产漂流性卵，卵淡青色、略透明，受精卵随流水漂流孵化。

经济价值 ▶

　　重大。鳊的肉质鲜美、含脂量高，深受人们欢迎，而且分布极广、自然资源巨大，是我国重要的经济鱼类之一。在人工养殖中，鳊为植食性鱼类，宜与青草鲢鳙混养，但生长较缓慢是其缺点。

分布 ▶

　　我国黑龙江至珠江间各水系包括海南岛均有分布。国外分布于俄罗斯和越南。

17 似鲚(jiǎo)

Toxabramis swinhonis Günther, 1873

分类地位: 鲤形目 Cypriniformes 鲤科 Cyprinidae

鲌亚科 Cultrinae 似鲚属 *Toxabramis*

别 名: 鲹(cān)条、白条

识别特征 ▶

背鳍iii-7; 胸鳍 i -11～13; 腹鳍 i -7; 臀鳍iii-16～19。侧线鳞57～66。

体型小。体呈长形,极侧扁; 自胸鳍至肛门具完整腹棱。头短且侧扁,吻短而稍尖。口小,端位,口裂斜。无须。眼大,位于头侧。体被细小而薄的圆鳞,易脱落; 腹鳍基部具1枚向后生出的发达腋鳞。侧线完全,自头后向下急剧弯折,沿体侧下部向后延伸,于臀鳍基后端处折而向上,随后行入尾柄正中。背鳍外缘平截,末根不分枝鳍条为后缘具强锯齿的硬刺; 胸鳍末端尖,后伸不达腹鳍起点; 腹鳍短,起点在背鳍起点之前,末端后伸不达肛门; 肛门紧邻臀鳍起点之前; 臀鳍基较长,外缘内凹; 尾鳍深分叉,下叶稍长于上叶,末端尖。

生活时体呈银白色,体侧有1条明显的银色纵带并带有金属光泽。各鳍灰白色。

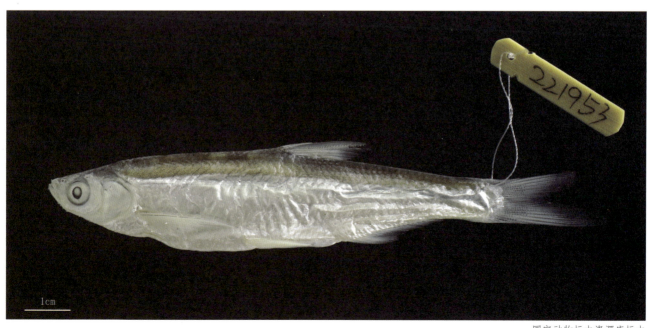

国家动物标本资源库标本

生活习性 ▶

　　喜栖息在江河、湖泊等大水面缓流或静水开敞水域的表层。好集群活动，性格活泼、游泳迅速。杂食性，主要以枝角类、浮游藻类和少量昆虫幼虫为食。1龄性成熟，繁殖期集中在6～7月。一般在静水或缓流的浅水区产卵，卵黏性，黏附在水草或石块上孵化。

经济价值 ▶

　　小。常见于各大水库、人工湖等水体中。个体小，数量有限。虽可食用，在地方野杂鱼中也常见，但实际经济价值不大。

分布 ▶

　　我国海河、黄河、长江、钱塘江及东南沿海水系等均有分布。

18 鳙(yōng)

Aristichthys nobilis (Richardson, 1845)

分类地位：鲤形目 Cypriniformes　　　鲤科 Cyprinidae

鲢亚科 Hypophthalmichthyinae　鳙属 *Aristichthys*

别　　名：花鲢、胖头、大头鱼、溶鱼（《本草纲目》）

保护等级：省级（黑龙江）

识别特征 ▶

背鳍iii-7；胸鳍 i -16～19；腹鳍 i -7～8；臀鳍iii-10～13。侧线鳞91～110。

体型大。体侧扁而高，腹部在腹鳍基部之前较圆；自腹鳍基部之后至肛门间有较窄的不完全腹棱。头大，约占身体的三分之一；头长大于体高，前部宽阔，吻短钝。口端位，口裂宽大，下颌稍突出，口角可达眼前缘之下，上唇中间部分肥厚。无须。眼小，侧下位，眼间隔宽阔且隆起。鼻孔近眼前缘上方。具极发达的螺旋形鳃上器。体被细小圆鳞。侧线完全，在胸鳍上方向下呈弧形弯曲，向后平直延伸行入尾柄正中。背鳍基短，无硬刺，外缘近平截；胸鳍长，末端后伸远超过腹鳍起点；腹鳍起点在背鳍起点之前，末端后伸可达到或超过肛门；肛门紧邻臀鳍起点之前；臀鳍呈三角形，基部较长，外缘内凹；尾鳍深分叉，上下叶等长，末端稍尖。

生活时体背和体侧上部呈微黑色，体侧密布不规则的黑色杂斑，体腹面灰白色。各鳍以黑灰色为主，常夹杂一些黑色小斑点。

1cm

生活习性 ▶

　　喜栖息于江河、湖泊等流水或静水开敞水面的中上层。幼鱼一般到沿江湖泊或附属水体中育肥，待性成熟时到江中产卵，然后再回湖泊中。冬季有迁至河床处或较深的岩坑中越冬的习性。行动迟缓、生性温顺，很容易被捕获。偏肉食性，以滤食浮游动物为主，兼食藻类。一般4龄以上才达性成熟，繁殖期较长，自4月下旬至7月；通常在流速较高、浑浊度较大的水体中产漂流性卵，受精卵随水漂流孵化。

经济价值 ▶

　　重大。鳙为我国"四大家鱼"之一，其鱼头肉质鲜美细嫩，营养丰富，深受人们喜爱。其生长速度快，个体较大，最大可达40kg；且适应性强，易养殖，为重要的淡水养殖鱼类。

分布 ▶

　　我国黑龙江至珠江间各水系包括海南岛均广泛分布，但主要集中在长江下游和珠江流域。

　　注：海河流域原有自然分布，但随着近代水利建设的开展，流域内已经很少有适合鳙自然繁殖的水体，目前在自然—半自然水体中见到的鳙应全为养殖种。

19 鲢

Hypophthalmichthys molitrix (Valenciennes, 1844)

分类地位：鲤形目 Cypriniformes　　鲤科 Cyprinidae

鲢亚科 Hypophthalmichthyinae　鲢属 *Hypophthalmichthys*

别　　名：白鲢、鲢子、扁鱼、鱮（xù）（古名）

保护等级：省级（黑龙江）

识别特征 ▶

背鳍iii-7；胸鳍 i -16～17；腹鳍 i -7～8；臀鳍iii-11～13。侧线鳞110～120。

体型大。体侧扁且较高，背部较厚，腹部狭窄扁薄；自胸鳍基部前下方至肛门间有明显的完整腹棱。头较大，吻短，圆钝。口端位，口裂宽大，下颌稍突出，口角略达眼前缘之下。无须。眼小，侧下位，眼间隔宽阔且隆起。鼻孔近眼前缘上方。具发达的螺旋形鳃上器。体被细小圆鳞。侧线完全，在胸鳍上方向下成弧形弯曲，向后平直延伸行入尾柄正中。背鳍基短，无硬刺，外缘近平截或微内凹；胸鳍较长，末端后伸接近或达腹鳍起点；腹鳍起点在背鳍起点之前，末端后伸不达肛门；肛门紧邻臀鳍起点之前；臀鳍基部较长，外缘内凹；尾鳍深分叉，上下叶等长，末端稍尖。

生活时头部颜色较深，呈灰黑色；向后体背部稍淡，呈浅灰黑色；体侧及腹部银白色。背鳍、尾鳍黑灰色，其他各鳍颜色略淡，并带有橘红甚至血红色。

1cm

天津自然博物馆馆藏

生活习性 ▶

　　喜栖息于江河、湖泊等流水或静水开敞水面的上层，比鳙更接近水面。一般在沿江湖泊或附属水体中育肥，待性成熟时到江中产卵，然后再回湖泊中。冬季有迁至河床处或湖泊水深处越冬的习性。生性活泼，稍有惊动即成群跃出水面并四处跳跃。偏草食性，以滤食浮游植物为主。南方地区最早3龄性成熟，北方较晚；繁殖期通常集中在5～7月，在激流环境中逆流产漂流性卵，受精卵随水漂流孵化，幼鱼进入沿江湖泊发育。

经济价值 ▶

　　重大。鲢的肉质鲜美、营养丰富，且天然产量很高，是我国著名的"四大家鱼"之一。另外，鲢主要以水中浮游植物为食，且适应性强、生长快、个体大，所以也是我国淡水养殖的热门鱼种。在人工饲养中，鲢多与青鱼、草鱼和鳙混养。青鱼或草鱼食剩的饲料残渣及粪便都能培养浮游生物，继而供鲢、鳙食用，这样能够充分地利用水体天然食料，达到鱼塘最大收益。

分布 ▶

　　我国黑龙江至珠江间各水系包括海南岛均广泛分布。国外自然分布于东亚东部，目前已被广泛引入世界很多地区。

　　注：海河流域原有自然分布，但随着近代水利建设的开展，流域内已经很少有适合鲢自然繁殖的水体，目前在自然—半自然水体中见到的鲢应全为养殖种。

20 短须鱊(yù)

Acheilognathus barbatulus Günther, 1873

分类地位：鲤形目 Cypriniformes　　鲤科 Cyprinidae

鱊亚科 Acheilognathinae　鱊属 *Acheilognathus*

别　　名：火镰片儿、罗垫（河北）、短须刺鳑鲏

识别特征 ▶

背鳍iii-10～13；胸鳍 i -12～16；腹鳍 i -6～7；臀鳍iii-8～11。侧线鳞33～37。

体型小。体呈长卵圆形，极侧扁。头后背部薄且隆起，腹部微凸。头小，吻短钝。口小，亚下位；口裂呈半月形。须1对，较短小。眼大，侧上位。体被圆鳞，排列整齐。侧线完全，在胸鳍上方略弯曲，随后平直延伸行入尾柄正中，但背鳍中后部侧线常不明显。背鳍基长，末根不分枝鳍条为较粗壮硬刺；胸鳍稍长，末端稍圆，向后延伸或达腹鳍起点；腹鳍与背鳍相对或靠前，末端后伸不达臀鳍起点；肛门在腹鳍基至臀鳍起点的中点之前；臀鳍末根不分枝鳍条亦为较粗壮的硬刺；尾鳍叉形，上下叶约等长，末端尖。

生活时体呈银白色，体侧上方鳞片后缘呈黑色，鳃孔后方有1个黑色斑点。雄鱼背鳍上有两列小黑点；雌鱼沿尾柄中线处有1条相较于雄鱼更加明显的黑色纵带。繁殖期内，雌鱼的产卵管呈灰色。酒精浸制标本的体背及侧上部微黑色，向下至腹部渐淡。

国家动物标本资源库标本

生活习性 ▶

喜栖息于江河、湖泊、淀塘等浅水缓流或静水中，尤其是水草茂密的水体。性活泼、好群游。植食性，主要以植物碎屑、藻类等为食。1龄性成熟，产卵期一般集中在5～7月。繁殖期内雄鱼体色极为鲜艳，吻端出现粗糙的白色珠星；雌鱼具发达的产卵管，将卵产于双壳类软体动物的鳃中，受精卵借助双壳类鳃部的流水环境孵化。

经济价值 ▶

较小。极少被人食用，但可作家禽饲料。仅因繁殖期内体色鲜艳而偶被当作原生观赏鱼饲养。

分布 ▶

我国海河、黄河、长江、珠江和澜沧江等水系均有分布。国外分布于老挝和越南。

注: 海河流域内常见于各大水库、人工河湖等水体。

21 兴凯鱊(yù)

Acheilognathus chankaensis (Dybowski, 1872)

分类地位：鲤形目 Cypriniformes　　鲤科 Cyprinidae

鱊亚科 Acheilognathinae　　鱊属 *Acheilognathus*

别　　名：火镰片儿、罗垫（河北）、兴凯刺鳑鲏

保护等级：省级（黑龙江）

识别特征 ▶

背鳍 iii-10～14；胸鳍 i -14～17；腹鳍 i -6～7；臀鳍 iii-10～11。侧线鳞32～37。

体型小。体呈长卵圆形，极侧扁。头后背部和腹侧峡部之后外突，呈弧状。头小，吻短钝。口端位，口裂浅。无须，或偶有短须如突起。眼大，侧位。鼻孔近眼前缘。体被较大圆鳞，排列规则。侧线完全，在体侧中部略呈弧形下弯，随后平直延伸行入尾柄正中。背鳍基长，末根不分枝鳍条为粗壮硬刺；胸鳍末端稍尖，向后延伸不达腹鳍起点；腹鳍与背鳍相对或稍靠前，末端后伸不达臀鳍起点；肛门近腹鳍基；臀鳍末根不分枝鳍条亦为粗壮硬刺；尾鳍叉形，上下叶约等长，末端稍尖。

生活时体背呈黄灰色，体侧银白色；沿尾柄中央有1条黑色纵带向前延伸，渐变尖细，末端可过背鳍基中部。雄鱼臀鳍外缘具黑边，雌鱼无。各鳍浅灰色。酒精浸制标本的体背及侧上部呈灰黑色，向下至腹部渐淡。

1cm

国家动物标本资源库标本

生活习性 ▶

　　喜栖息于江河、湖泊、淀塘等浅水缓流或静水中，尤其是水草茂密的水体。性活泼、好群游。植食性，以植物碎屑、藻类等为食。1龄性成熟，产卵期一般集中在5～6月。繁殖期内雄鱼体色极为鲜艳，吻端出现白色的粗糙珠星；雌鱼具发达的产卵管，将卵产于双壳类软体动物的鳃中，受精卵借助双壳类鳃部的流水环境孵化。

经济价值 ▶

　　较小。极少被人食用，但可作家禽饲料。仅因繁殖期内体色鲜艳而偶被当作原生观赏鱼饲养。

分布 ▶

　　我国黑龙江至珠江间各水系均广泛分布。国外分布于朝鲜和俄罗斯。

注：海河流域内常见于各大水库、人工河湖等水体。

22

大鳍鱊(yù)

Acheilognathus macropterus (Bleeker, 1871)

分类地位： 鲤形目 Cypriniformes　　鲤科 Cyprinidae

鱊亚科 Acheilognathinae　　鱊属 *Acheilognathus*

别　　名： 火镰片儿、罗垫（河北）、大鳍刺鳑鲏

保护等级： 省级（黑龙江）

识别特征 ▶

背鳍iii-15～18；胸鳍 i -13～16；腹鳍 i -7；臀鳍iii-12～14。侧线鳞35～38。

体型较小。体呈卵圆形，侧扁。头后背部和峡部之后外突，呈弧状。头小，吻短钝。口小，亚下位；口裂呈半月形。口角具痕状须1对。眼大，侧上位。鼻孔位于眼上缘前方。体被稍大圆鳞，排列较规则。侧线完全，较平直，沿体侧向后延伸行入尾柄正中。背鳍基长，外缘稍外凸，末根不分枝鳍条为较粗壮硬刺；胸鳍较小，末端较尖，后伸接近腹鳍起点；腹鳍小，后伸可达甚或超过肛门而近臀鳍起点；肛门近臀鳍起点之前；臀鳍末根不分枝鳍条亦为粗壮硬刺；尾鳍深分叉，末端稍尖。

生活时体背呈银灰色，体侧至腹部渐变银白色；鳃盖后上方和头后间隔3～4枚鳞片处各有1块黑斑；沿尾柄中央有1条蓝黑色纵带向前延伸，渐变尖细，末端可过背鳍基中部，具闪耀的浅蓝色光泽。雄鱼臀鳍外缘白色，内侧缘深黑色，再往内变为暗灰色，并带有1条浅黄色条纹；雌鱼臀鳍颜色较淡。

1cm

生活习性 ▶

　　喜栖息于江河、湖泊、淀塘等浅水缓流或静水中，尤其是水草茂密的水体。植食性，主要以藻类、水生植物嫩叶及碎屑为食，兼食少量浮游动物。1龄性成熟，产卵期集中在4～6月；繁殖期内雄鱼吻部及眼眶上缘生出白色的粗糙珠星，雌鱼具延长的产卵管。一般将卵产在河蚌的外套腔内，受精卵随鳃水管中水的流动孵化。

经济价值 ▶

　　较小。极少被人食用，但因繁殖期内体色鲜艳而常被当作原生观赏鱼饲养。

分布 ▶

　　我国黑龙江至珠江间各水系包括海南岛均广泛分布。国外分布于朝鲜，俄罗斯，越南等。

　　注：海河流域内常见于各大水库、人工河湖等水体。

23 高体鳑（páng）鲏（pí）

Rhodeus ocellatus (Kner, 1866)

分类地位： 鲤形目 Cypriniformes　　鲤科 Cyprinidae

鳍亚科 Acheilognathinae　鳑鲏属 *Rhodeus*

别　　名： 火镰片儿、火烙片儿、菜板鱼、鳑鲏、罗垫（河北）

识别特征 ▶

背鳍iii-10～12；胸鳍 i -9～12；腹鳍 i -5～7；臀鳍iii-10～12。侧线鳞4～6。

体型小。体呈卵圆形，高且极侧扁。头后背部和峡部之后显著外突，呈深弧状。头小，吻短钝。口小，端位；口裂短，呈弧形。无须。眼稍大，侧上位。鼻孔接近眼前缘。体被较大圆鳞，排列较规则。侧线不完全，仅见于头后大约4～6枚鳞片之前。背鳍基长，末根不分枝鳍条为细弱硬刺，末端柔软；胸鳍较小，后伸接近腹鳍起点；腹鳍小，后伸或可超过肛门接近臀鳍起点；肛门位于腹鳍基至臀鳍起点的中点之前；臀鳍基长，外缘平截，末根不分枝鳍条亦为细弱硬刺；尾鳍分叉，末端稍尖。

生活时体表常闪耀着金属光泽。头后背部呈亮绿色，体背及体侧上部呈蓝黑色，向体侧、腹部渐淡，转呈浅蓝色至银白色，腹缘处呈浅蓝绿及浅紫红色。鳃盖后上方具虹彩斑块，体侧中上部各鳞片后缘具1块黑斑；沿尾柄中央有1条绿蓝色纵带向前延伸，渐变尖细，末端可过背鳍基中部。

生活习性 ▶

喜栖息于江河、湖泊、淀塘等浅水缓流或静水中，尤其是水草茂密的水体。性活泼、好群游。植食性，主要以藻类和植物碎屑为食。1龄性成熟，产卵期一般集中在3~5月。繁殖期内雄鱼体色更加炫彩耀眼，眼睛上部呈现血红色，臀鳍边缘黑色线条愈发明显，并在吻端、眼眶周围生出成簇的白色粗糙珠星；雌鱼生出延长的产卵管，前部微黄色，末端渐变灰白色。一般将卵产在河蚌的外套腔内，受精卵随鳃水管中水的流动孵化。

经济价值 ▶

较小。极少被人食用，但因繁殖期内体色鲜艳而常被当作原生观赏鱼饲养。

分布 ▶

我国海河至珠江间各水系包括海南岛均广泛分布。

注：海河流域内常见于支流及其附属沟渠、坑塘等，特别是乡、村、镇及其周边等人口相对稠密的地区。

24

中华鳑(páng)鲏(pí)

Rhodeus sinensis Günther, 1868

分类地位：鲤形目 Cypriniformes　　鲤科 Cyprinidae

鳈亚科 Acheilognathinae　鳑鲏属 *Rhodeus*

别　　名：火镰片儿、鳑鲏、罗垫（河北）、葫芦子（东北）、彩石鳑鲏

识别特征 ▶

背鳍iii-8～12；胸鳍 i -10～11；腹鳍 i -6；臀鳍iii-8～11。侧线鳞3～7。

体型小。体呈卵圆形，高且极侧扁。头后背部和峡部之后外突，呈弧状。头小，吻短钝。口小，端位；口裂较深。无须。眼大，侧上位。鼻孔接近眼前缘。体被圆鳞，排列整齐。侧线不完全且不明显，仅见于头后大约3～7枚鳞片之前。背鳍基长，末根不分枝鳍条为细弱硬刺，末端柔软；胸鳍较小，后伸接近腹鳍起点；腹鳍小，后伸通常达到臀鳍起点；肛门位于腹鳍基至臀鳍起点的中点之前；臀鳍基较长，末根不分枝鳍条亦为细弱硬刺；尾鳍分叉，上下叶约等长，末端稍尖。

生活时头后及体背部呈黑灰色，向体侧、腹部渐淡，转呈银白色。一般鳞片后缘都具1块黑斑，尾鳍基处多有1块黑红色斑块；雄鱼鳃盖后上方具1块黑斑，雌鱼背鳍前中部具1块黑斑；沿尾柄中央有1条黑色纵带向前延伸，渐变尖细，末端可过背鳍起点或更前。各鳍灰白色，略带橘红色。

1cm

生活习性 ▶

　　喜栖息于江河、湖泊、淀塘等浅水缓流或静水中，尤其是水草茂密的水体。性活泼、好群游。植食性，主要以藻类和植物碎屑为食。1龄性成熟，产卵期一般集中在5～6月。繁殖期内雄鱼体色愈发鲜艳，眼睛上部呈血红色，背鳍、臀鳍外缘具1窄黑边，并在吻端、眼眶周围生出成簇的白色粗糙珠星；雌鱼体色变化不明显，会生出延长的产卵管。一般将卵产在河蚌的外套腔内，受精卵随鳃水管中水的流动孵化。

经济价值 ▶

　　较小。极少被人食用，但因繁殖期内体色鲜艳而常被当作原生观赏鱼饲养。

分布 ▶

　　我国海河至珠江间各水系包括海南岛均广泛分布。国外分布于朝鲜等。

注：海河流域内常见于各大水库、平原区人工河湖等水体。

25 棒花鱼

Abbottina rivularis (Basilewsky, 1855)

分类地位：鲤形目 Cypriniformes　鲤科 Cyprinidae

鮈亚科 Gobioninae　　棒花鱼属 *Abbottina*

别　　名：爬虎、棒花

保护等级：省级（黑龙江）

识别特征 ▶

　　背鳍iii-7；胸鳍 i -10～12；腹鳍 i -7；臀鳍iii-5。侧线鳞35～37。

　　体型较小。体呈棒状，前躯较短粗，后躯渐尖且侧扁；背鳍起点处体最高，胸、腹部较平坦。头呈四棱锥状；吻长而钝，向前突出，鼻孔前方有1明显横沟凹陷。口下位，深马蹄形。唇肥厚发达，上唇通常具不明显的褶皱；下唇中间具1对较发达的肉芽状突起。口角具上颌须1对，扁而短粗。眼小，侧上位。鼻孔位于眼正前方。体被中等大圆鳞，仅头及胸鳍基部前方裸露无鳞。侧线完全，位于体侧中位，向后平直延伸行入尾柄正中。背鳍发达，外缘呈弧形；胸鳍较大，末端圆，后伸远不达腹鳍起点；腹鳍末端圆钝，后伸可达肛门；肛门约位于腹鳍基与臀鳍起点间的前1/3处；臀鳍较短；尾鳍分叉，上叶稍宽长，末端稍钝。

　　生活时雄性比雌性的体色更加鲜艳。体背及体侧呈棕黄色，且鳞片边缘均具黑色斑点；腹部呈银白色。横跨背部有5块黑色大斑块，沿体侧中轴具7～8块黑斑；各鳍浅黄色，均带有由黑点组成的条纹，其中背鳍、尾鳍、胸鳍尤为明显。

1cm

生活习性 ▶

　　适应性极强，可在各种水体中存活。尤喜江河近岸、湖泊水库等缓流或静水环境，在水质较差的水体中亦能捕到。好匍匐于水底，在近岸浅水处的泥沙、砾石上爬行。杂食性，摄食枝角类、桡足类和端足类为主，兼食藻类、水生昆虫和植物碎屑。1龄性成熟，产卵期集中在4～5月。繁殖期内雄鱼吻部、胸鳍前缘生出明显的三角锥状珠星，在缓流静水并可见到阳光的浅湾处建造巢窝；雌鱼一般分3～4次完成产卵，卵沉性。受精卵需1周左右孵化，期间均由雄鱼保护。初孵仔鱼静卧水底，仅周期性上浮到水面，靠卵黄囊生活，生长较为缓慢。

经济价值 ▶

　　有一定潜在价值。因常见于水质较差的水体中，所以目前很少被人食用。但资源量可观，或可开发为家禽饲料。

分布 ▶

　　我国除西部高原和西北部地区外，其他地区各大水系均广泛分布。国外分布于俄罗斯，日本，朝鲜等。

26 东北颌须鮈(jū)

Gnathopogon mantschuricus (Berg, 1914)

分类地位：	鲤形目 Cypriniformes　鲤科 Cyprinidae 鮈亚科 Gobioninae　　颌须鮈属 *Gnathopogon*
别　　名：	无
保护等级：	省级（黑龙江）

识别特征 ▶

　　背鳍iii-7；胸鳍 i -12～14；腹鳍 i -7；臀鳍iii-6。侧线鳞36～38。

　　体型小。体呈长形，且侧扁。头后背部稍隆起，腹部圆。头短小，吻短且圆钝。口端位，口裂稍斜。唇薄，结构简单。须1对，极为短小。眼中等大，侧上位。鼻孔位于眼前缘前方。体被较大圆鳞，排列较整齐。侧线完全，近平直向后延伸行入尾柄正中。背鳍无硬刺，较大个体的末根不分枝鳍条加粗；胸鳍短小，末端圆钝，后伸远不达腹鳍起点；腹鳍短，后伸可达肛门；肛门紧邻臀鳍起点之前；臀鳍短小；尾鳍分叉，上下叶约等长，末端较圆。

　　生活时体背及体侧上部呈深灰黑色，体侧下部呈浅黄色，向胸腹部逐渐转呈灰白色。沿体侧中轴具1条黑色宽带，后段颜色加深并与体背灰黑色融为一体；侧线上下鳞片带有较大黑斑，上密下疏，形成数条纵行黑纹；背鳍末端具黑色横纹。胸、腹鳍呈浅黄色，其他各鳍灰白色。

生活习性 ▶

    喜栖息于江河支流或山区溪流的中下层。杂食性，主要摄食底栖无脊椎动物，兼食藻类、水生植物和碎屑等。

经济价值 ▶

    较小。有一定资源量，但个体小，很少被人食用。

分布 ▶

    我国仅记录于黑龙江水系。国外分布于蒙古国和俄罗斯。

注：本种历史分布信息存疑。海河流域内的拒马河、潮白河确有新的采集与鉴定纪录，且资源量可观。

27 棒花鮈(jū)

Gobio rivuloides Nichols, 1925

分类地位：鲤形目 Cypriniformes 鲤科 Cyprinidae
鮈亚科 Gobioninae 鮈属 *Gobio*
别　　名：爬虎、棒花、船丁鱼、小鸽子鱼、纹鮈

识别特征 ▶

背鳍iii-7；胸鳍 i -13～15；腹鳍 i -7；臀鳍iii-6。侧线鳞49～53。

体型较小。体呈长形。前躯较粗壮，似圆筒形；中后部逐渐侧扁，腹面较平坦。头近锥形，吻短略突出。口下位，弧形。唇薄且光滑，结构简单。须1对，发达，后伸可过前鳃盖骨后缘。眼较大，侧上位。鼻孔位于眼前方。体被圆鳞，排列整齐；仅胸部裸露无鳞。侧线完全，位于体侧中部，向后平直延伸行入尾柄正中。背鳍较短，无硬刺，外缘略斜凹；胸鳍较短，末端圆钝，后伸不达腹鳍起点；腹鳍较短，后伸可达或略过肛门；肛门约位于腹鳍基与臀鳍起点的中点；臀鳍短小；尾鳍深分叉，上下叶约等长，末端尖。

生活时体背呈黄灰褐色；腹部灰白色，常略带微黄。沿侧线上方有1条不明显的纵纹，眼前下方吻侧常有1条灰色斜纹。沿体侧纵轴和背中线各有1排黑斑，约8～11块。背鳍和尾鳍呈淡灰黄色，具成排的黑色点纹，其他各鳍灰白色。

国家动物标本资源库标本

孙智闲 摄

生活习性 ▶

　　喜栖息于底质为细沙或砾石的清澈河段，常见于水体下层。肉食性为主，主要摄食摇蚊等小型水生昆虫的幼虫、小虾及小型无脊椎动物（如螺、丝蚓等），兼食少量藻类、高等植物碎屑。1～2龄性成熟，平时主要在水流较急处活动，4月份繁殖季开始前有集群生殖洄游的习性。一般至水流汇口的中下层产卵，产卵行为集中在5～6月。

经济价值 ▶

　　较大。肉质丰腴细嫩，味道鲜美，且在产地有一定产量，为当地常见野生食用鱼类之一。

分布 ▶

　　我国大凌河、滦河、海河、黄河等水系均有分布。

28

麦穗鱼

Pseudorasbora parva (Temminck *et* Schlegel, 1846)

分类地位：鲤形目 Cypriniformes　鲤科 Cyprinidae

鮈亚科 Gobioninae　　麦穗鱼属 *Pseudorasbora*

别　　名：罗汉鱼、麦穗

保护等级：省级（黑龙江）

识别特征 ▶

　　背鳍 iii-7；胸鳍 i-12～13；腹鳍 i-7；臀鳍 iii-6。侧线鳞34～37。

　　体型较小。体呈长形，侧扁。头背部自吻端开始向后逐渐隆起，至背鳍基前达到最高点；腹部较圆，尾柄扁宽。头短小，前端较尖；吻短且突出，前部略平扁。口小，上位，口裂短。唇薄，结构简单。无须。鼻孔位于眼前。眼较大，眼间隔宽且平坦。体被中大圆鳞，排列整齐。侧线完全，沿体侧中部向后平直延伸行入尾柄正中，部分个体存在侧线不明显的现象。背鳍末根不分枝鳍条柔软（繁殖期内的雄性除外），外缘稍突且圆钝；胸鳍较短，后伸不达腹鳍起点；腹鳍较短，近三角形，后伸不达肛门；肛门紧邻臀鳍起点之前；臀鳍短，无硬刺，外缘稍凸；尾鳍分叉较深，上下叶宽阔且等长，末端圆钝。

　　生活时体色随季节、环境变化较大。体背部及体侧上半部呈深灰色，体侧银色；腹部白色。体背及体侧处绝大多数鳞片后缘均具1块明显的新月形黑斑。背鳍和尾鳍带有灰黑色，胸、腹和臀鳍呈灰白色。幼鱼体侧正中自吻端至尾鳍基通常具有1条黑纵带，在深色环境中生活时会变得尤为明显。

1cm

天津自然博物馆馆藏

生活习性 ▶

　　生命力强，可适应各种水体。常见于池塘、沟渠、稻田、湖泊和水库等近岸水草丛生的水域。繁殖、生长速度快，短时间内即可形成较大种群。杂食性，主要以浮游动物为食，兼食藻类、水草和有机碎屑等。1龄性成熟，繁殖期集中在4～5月，产椭圆形黏性卵，通常会整齐地排列在石壁或杂草上。繁殖期内的雄鱼个体较大，吻部、颊部等处具明显的白色尖锐珠星；雌鱼个体较小，产卵管稍外突。

经济价值 ▶

　　较小。因常见于水质较差的水体中，所以目前很少被人直接食用。市场中常被当作动物饵料出售。

分布 ▶

　　我国中东部各水系广泛分布。国外分布于俄罗斯，蒙古国，日本和朝鲜等。

注：原为东亚土著种，现已被广泛引入很多国家和地区。

29 红鳍鳈(quán)

Sarcocheilichthys sciistius (Abbott, 1901)

分类地位： 鲤形目 Cypriniformes 鲤科 Cyprinidae

鮈亚科 Gobioninae 鳈属 *Sarcocheilichthys*

别　　名： 麻疙瘩鱼（陕西）

保护等级： 省（直辖市）级（北京、黑龙江）

识别特征 ▶

背鳍iii-7；胸鳍 i -14～17；腹鳍 i -7；臀鳍iii-6。侧线鳞35～40。

体型小。体呈长形，且侧扁。头较小，头后至背缘呈浅弧状外凸，在背鳍前部达到最高。吻钝，略突出。口小，亚下位。唇结构简单且较发达，口角肥厚。无须。眼小，侧上位，眼间隔宽且平坦，略隆起。鼻孔靠近眼前缘。体被圆鳞，排列整齐。侧线完全，沿体侧中央向后平直延伸行入尾柄正中。背鳍较小，外缘微凹；胸鳍短小，紧贴鳃盖后缘，外缘为圆扇状；腹鳍短，外缘微圆凸，后伸可达肛门；肛门位于腹鳍基至臀鳍基的中点；臀鳍小，外缘平截。尾鳍深分叉，上下叶约等长，末端略尖。

生活时体色随环境和发育阶段变化较大。通常体背及体侧上部为深黑灰色，伴有黑褐色云斑；腹部灰白色。体侧中轴具黑纵纹，并伴有不规则的黑色杂斑；眼上缘、头下部呈橘红色，繁殖期尤为明显；紧邻鳃盖之后有1条明显的浓黑色弧形斑条；腹底及偶鳍呈橘黄色，仅腹鳍末端偶带灰黑色；其他各鳍灰白色，夹带淡黑色条纹。

1cm

天津自然博物馆馆藏

生活习性 ▶

　　喜栖息于以砂砾为底质的清缓流水下层。偏肉食性，主要以水生昆虫、枝角类、桡足类和高等植物碎屑为主。繁殖期内雄鱼头部生出明显的白色粗糙珠星，体色变为浓黑色；雌鱼产卵管外露，较短小。

经济价值 ▶

　　较小。属常见野生鱼，但因个体较小，很少被人食用。

分布 ▶

　　我国黑龙江至珠江间各水系包括海南岛和台湾均有分布。国外见于俄罗斯。

30

点纹银鮈(jū)

Squalidus wolterstorffi (Regan, 1908)

分类地位：鲤形目 Cypriniformes　鲤科 Cyprinidae

鮈亚科 Gobioninae　　银鮈属 *Squalidus*

别　　名：胡氏颌须鱼、吴氏鮈、点纹颌须鮈、华坪点纹颌须鮈

识别特征 ▶

　　背鳍iii-7；胸鳍 i -12～15；腹鳍 i -7；臀鳍iii-6。侧线鳞33～36。

　　体型小。体呈长形，略侧扁。胸、腹部略圆，向后渐侧扁。头大且钝尖，近锥形。吻短。口亚下位，近马蹄形，口裂稍斜向下。唇薄、光滑，结构简单。须1对，较发达。眼大，眼间隔较宽，稍有隆起。鼻孔位于眼前方。除头部外，体被中等大圆鳞，鳞片排列整齐。侧线完全，前端稍向下呈弧形弯曲，随后平直延伸行入尾柄正中。背鳍无硬刺，外缘稍内凹；胸鳍短小，后伸不达腹鳍起点，末端较尖；腹鳍较短，后伸接近肛门，后缘较平截；肛门近臀鳍起点；臀鳍短小；尾鳍深分叉，上下叶约等长，末端尖。

　　生活时背部呈灰褐色，向腹部渐淡。沿侧线具1条银白色纵纹；侧线管上、下各有1条黑色短线斑，通常较为明显；侧线上鳞后缘通常也具黑色点纹。背鳍、尾鳍颜色较深，呈灰黑色；其他各鳍灰白或略带黄色。福尔马林浸制标本的银白色纵纹会变为棕黑色，愈后愈浓。腹膜灰白色。

1cm

国家动物标本资源库标本

生活习性 ▶

喜栖息于江河支流、山区溪流或湖泊、水库等环境的近岸浅水底层。偏肉食性，主要以底栖无脊椎动物为食，兼食藻类和水生植物碎屑等。繁殖季节在4~5月。

经济价值 ▶

较小。虽然分布广泛但资源量较低，且因个体很小而极少被人食用，仅偶尔混在野杂鱼中被售卖。

分布 ▶

我国海河至珠江间各大水系均有分布。

注:目前资源量较低,我们近年来对海河流域多次野外调查均无采集记录。

31 鲫

Carassius auratus auratus (Linnaeus, 1758)

分类地位：鲤形目 Cypriniformes　鲤科 Cyprinidae

鲤亚科 Cyprininae　　鲫属 *Carassius*

别　　名：鲫瓜子（甘肃）、喜头（湖北）、鲋（fù）（《吕氏春秋》）

识别特征 ▶

背鳍iii-16～19；胸鳍 i -14～17；腹鳍 i -8；臀鳍iii-5。侧线鳞26～29。

体型较小。体近椭圆形，侧扁而较高。自头后开始明显隆起，至背鳍起点处达到最高；腹缘较窄，尾柄短宽。头小，侧扁。吻短而圆钝。口端位，口裂小，斜向下。唇结构简单且发达，下唇相对较厚。无须。眼较小，侧上位，眼间隔宽而隆起。前后鼻孔紧邻眼前缘。除头部无鳞外，体被较大圆鳞，排列整齐。侧线完全，沿体侧中轴向后平直延伸行入尾柄正中。背鳍宽，外缘平截或稍内凹，末根不分枝鳍条为后缘带锯齿的粗壮硬刺；胸鳍后缘圆钝，末端后伸接近或达到腹鳍起点；腹鳍较短，与胸鳍同形，后伸不达肛门；肛门紧邻臀鳍起点之前；臀鳍外缘平截，末根不分枝鳍条亦为后缘带锯齿的粗壮硬刺；尾鳍浅分叉，上下叶约等长，末端钝圆或略尖。

生活时体色深浅随环境变化较大。体背通常呈灰黑色，体侧银灰色略带黄绿色，腹部灰白或银白色。各鳍浅灰黑色，仅胸、腹鳍略带橘黄色。

1cm

天津自然博物馆馆藏

生活习性 ▶

　　生命力极强，可适应多种环境，甚至在咸淡水交汇区或污染严重的水体中均可见到。喜栖息于水体下层，好成群生活。杂食性，偏好动物性饵料，如水蚯蚓、桡足类、枝角类、摇蚊幼虫、毛虾及草虾等；亦摄食植物种子、有机碎屑和藻类等。繁殖期与水温的关系极为密切，所以南北不同地域差距很大，海河流域主要集中在4～6月；产黏性卵，附着在水草或砾石上孵化。鲫的肥瘦程度有明显季节规律，冬末春初时最为肥美，腹中常有大量脂肪体存在，产卵季结束后最为消瘦。这与李时珍记载的"冬月肉厚子多，其味尤美"完全相符。

经济价值 ▶

　　重大。首先食用价值极大，鲫自古以来便为我国人民所喜食，譬如公元前237年《吕氏春秋》便有记载称"鱼之美者，洞庭之鲋"，这里的"鲋"说的便是鲫。鲫的肉质鲜美，且能"避寒暑""治虚弱、水肿"，唯肌间刺极多，所以往往用来做羹汤。其次观赏价值极大，我国自晋、唐时期开始便利用鲫来培育金鱼，至今形形色色、千姿百态的中国金鱼已然成为世界观赏鱼类的重要成员。

分布 ▶

　　除青藏高原外，我国各大水系均广泛分布。国外分布于中亚和日本。

32 鲤

Cyprinus carpio Linnaeus, 1758

分类地位：鲤形目 Cypriniformes　鲤科 Cyprinidae

鲤亚科 Cyprininae　　鲤属 *Cyprinus*

别　　名：拐子、镜鲤、魱（dài）鱼、魱仔、赤鲩（huàn）公（《康熙字典》）

保护等级：省级（黑龙江）

识别特征 ▶

背鳍iii～iv-16～20；胸鳍 i -15～17；腹鳍 i -8；臀鳍iii-5。侧线鳞35～37。

体型较大。体呈纺锤形，侧扁。自吻后即逐渐隆起，至背鳍起点处达到身体最高点，腹部弧线近平直，尾柄较宽。头中等大，近锥形；吻较长且尖。口亚下位，呈马蹄形，口裂略倾斜，上颌包下颌。唇结构简单，口角处较发达。须1～2对，较发达；吻须存在时一般短于口角须，口角须较为粗壮，后伸可达到甚至超过眼前缘下方。眼中等大，侧上位，眼间隔宽且微隆起。鼻孔位于眼前方，两鼻孔间的稍前方具明显凹陷。体被较大圆鳞，排列整齐（个别变种鳞片有错乱现象）。侧线完全，沿体侧中轴向后平直延伸行入尾柄正中。背鳍基长，外缘微凹，末根不分枝鳍条发达且后缘具锯齿；胸鳍较短小，外缘圆钝；腹鳍与胸鳍同形，末端后伸不达肛门；肛门近臀鳍起点；臀鳍较发达，末根不分枝鳍条亦为后缘具锯齿的强壮硬刺。尾鳍深分叉，上下叶约等长，末端尖。

体色深浅随环境变化及个体发育阶段而差异较大。一般情况下，生活时体背、侧上部呈蓝黑或黄褐色，体侧下部至腹部呈银白或灰白色，大鱼常伴有金黄色光泽；体侧各鳞片后缘多具1块深黑色新月斑。各鳍呈深灰黑色，奇鳍夹带橘红色，偶鳍夹带橘黄色。

1cm

天津自然博物馆馆藏

生活习性 ▶

　　适应性极强，可见于各种自然-半自然水体。喜栖息于水体底层。杂食性，偏好动物性食物，自然环境下以摇蚊幼虫、水生昆虫、螺蛳和虾类等为主要食物，兼食水生植物种子、嫩芽、叶片及藻类等。雄鱼1龄性成熟，雌鱼2龄性成熟。繁殖期随地区气候不同而有差异，海河流域中一般集中在春末夏初，多在黎明前于缓流静水水草繁茂处产黏性卵，受精卵黏附在水生植物上孵化。

经济价值 ▶

　　重大。在我国，鲤自古以来便被视为食之珍品。《诗经》《孔子家语》等古文传记都对鲤的食用价值做出了极高评价，公元前473年范蠡的《养鱼经》更是迄今为止全世界最早的鲤鱼养殖文献。鲤的肉质鲜嫩、脂多刺少、营养丰富，且适应力强，能耐寒、耐碱、耐缺氧，生长迅速、不挑水质，唯独因唐朝皇家姓氏为"李"，故曾被禁食。改革开放后逐渐恢复养殖，目前与"青草鲢鳙鲫鳊鲂"并称为中国"八大家鱼"。除食用价值外，鲤同样具有极高的观赏价值。锦鲤作为吉祥的象征，一直备受人们喜爱。除了传统的"红黑白"三色锦鲤外，更多配色鲜艳亦或形态各异的锦鲤在目前的观赏鱼市场上均占据着很重要地位。

分布 ▶

　　我国除青藏高原和西北部分地区外，其他各大水系均有分布。国外广泛分布于亚洲其他国家和欧洲。

33 北方须鳅

Barbatula nuda (Bleeker, 1864)

分类地位：	鲤形目 Cypriniformes
	条鳅科 Nemacheilidae　须鳅属 *Barbatula*
别　　名：	巴鳅、花泥鳅、董氏条鳅、吉林条鳅
保护等级：	省级（黑龙江）

识别特征 ▶

背鳍iv-6～7；胸鳍 i -10～11；腹鳍 i -6～7；臀鳍iii～iv-5。

体型较小。体呈长形，前躯宽圆，后躯侧扁。头平扁。吻突出，亦平扁。口下位。唇厚，表面光滑或仅有浅褶皱，上唇中央常具一"V"字型缺刻；下唇在口角处有向后延伸的唇叶。须3对，较发达。眼较小，侧上位。鼻孔位于眼稍前方，前后分离；前鼻孔具鼻瓣膜，后鼻孔呈圆形。鳞片退化，前躯基本裸露，仅后躯被稀疏小鳞。侧线完全，沿体侧中轴平直延伸行入尾柄正中。背鳍位置靠后，与腹鳍相对，外缘稍外凸；胸鳍较发达，外缘圆弧形，后伸远不达腹鳍起点；腹鳍较小，外缘亦呈圆弧形，末端后伸不达肛门；肛门紧邻臀鳍起点之前；臀鳍较为发达，后缘近截形；尾鳍宽大，后缘微凹入。

生活时体色深浅随环境变化较大，一般呈黄褐色或浅棕黄色。背鳍前、后及体侧具多块深褐色花斑。背、胸、尾鳍上具多条由褐色斑点组成的条纹；腹鳍、臀鳍浅黄色。

1cm

国家动物标本资源库标本

生活习性 ▶

　　喜栖息于山区-半山区以砾石为底质的溪流浅水段底层，尤喜清冷缓流水体，好隐藏在河底砂石之中。杂食性，主要以水生昆虫及其幼虫、甲壳类、藻类、高等植物碎屑等为食。繁殖期多集中在5～7月，期间雌鱼体表花纹变淡，生殖孔呈水滴状红肿外凸；雄鱼生殖孔内陷，呈箭头状，体表皮肤也变得粗糙。产灰白色黏性卵，附着在河底砾石上孵化。

经济价值 ▶

　　较大。曾在辽宁东部山区有较高的自然产量，且肉质细嫩鲜美，深受当地消费者喜爱。但近年来酷渔滥捕现象严重，其野外资源量已呈断崖式下跌。好在当前对北方须鳅的增殖放流技术已日趋完善，此种野外资源量有望得到恢复。

分布 ▶

　　我国东北各水系、河北北部水系、内蒙古东部水系及新疆的额尔齐斯河和乌伦古湖均有分布。国外分布于俄罗斯，朝鲜和日本。

　　注：海河流域为北方须鳅已知分布范围的最南界。

34 达里湖高原鳅

Triplophysa dalaica (Kessler, 1876)

分类地位：鲤形目 Cypriniformes

条鳅科 Nemacheilidae　高原鳅属 *Triplophysa*

别　　名：巴鳅

识别特征 ▶

　　背鳍 iv-7；胸鳍 i -10～12；腹鳍 i -7；臀鳍 iii-5。

　　体型较小。体呈长形，前躯粗壮，呈圆筒形；后躯逐渐侧扁，尾柄较高。头较长，呈锥形，吻突出且圆钝。口下位，圆弧状。唇肥厚，结构复杂。上唇边缘具穗状乳突，下唇密布乳突并常伴有深横褶。须3对，较发达。眼较小，侧上位，眼间隔宽，微圆凸。前后鼻孔紧邻，位于眼前方。无鳞。侧线完全，前段位置略高，沿体侧中轴上方向后平直延伸行入尾柄正中。背鳍约位于体背中间，外缘平截；胸鳍发达，外缘圆刀状，后伸远不达腹鳍起点；腹鳍较小，外缘圆形，后伸接近或略过肛门；肛门紧邻臀鳍起点之前；臀鳍较发达；尾鳍宽大，外缘微凹入，上下缘圆钝。

　　生活时体背及体侧呈浅黄褐色，体背具4～8块深褐色斑块，体侧具不规则的灰黑色斑点；腹侧至腹部颜色逐渐变淡，呈微黄色。背鳍、尾鳍具褐色小斑点，其他各鳍灰白色。

1 cm

202244

国家动物标本资源库标本

生活习性 ▶

　　适应性强，淡水至咸淡水中均可生活。喜栖息于水草繁茂、以碎石泥沙为底质的山区溪流或高原湖泊的底层。杂食性，主要以水生昆虫及其幼虫、藻类、高等植物碎屑等为食。繁殖期集中在5～7月，期间雄鱼胸鳍变为鲜红色；雌鱼胸鳍薄而软，呈淡黄色。

经济价值 ▶

　　有一定潜在价值。肉质细嫩、营养丰富，可供食用。在海河流域内资源量可观，尤其是在山区、郊野的河流湖泊及周围。但我们在对海河流域的鱼类调查工作中发现，目前对达里湖高原鳅的利用还很有限。

分布 ▶

　　我国黄河中上游北侧支流及其附属湖泊，海河流域西北部山区河流等均有分布。

35 中华花鳅

Cobitis sinensis Sauvage *et* Dabry de Thiersant, 1874

分类地位：鲤形目 Cypriniformes　花鳅科 Cobitidae

花鳅亚科 Cobininae　花鳅属 *Cobitis*

别　　名：花鳅

识别特征 ▶

背鳍 iii-6～7；胸鳍 i -8～10；腹鳍 i -5～7；臀鳍 iii-5。

体型小。体细长，侧扁。头小，亦侧扁。吻圆钝，略突出。口小，下位，下唇肥厚。须3对。眼小，侧高位，具分叉的眼下刺。前鼻孔呈短管状，后鼻孔圆形。体被极细小圆鳞，仅头侧无鳞。侧线不完全，仅在鳃盖后与胸鳍上方之间较为明显。背鳍中等大，外缘斜截或微凸；胸鳍下位，雌鱼较小，后缘圆钝，雄鱼较长，呈尖刀状；腹鳍短小，后伸不达肛门；肛门紧邻臀鳍起点之前；臀鳍略小，外缘圆弧形；尾鳍截形或略带圆凸。

生活时体背及侧部呈黄灰色，腹侧白色。沿体背及体侧中部各有1行较大的棒状或圆形的黑褐色斑点，两行大斑之间有很多细碎的浅褐色小斑。各鳍淡黄色，背鳍与尾鳍密布明显的点状黑纹，尾鳍基上部有1块明显黑斑。

1 cm

天津自然博物馆馆藏

生活习性 ▶

　　喜栖息于以细小沙石为底质的浅缓水域底层，常见于水质较肥的江边湖岸。偏夜行性，白天好将身体隐藏在细沙之中，仅露脑袋在外面。杂食性，以水生无脊椎动物、藻类等为食。1龄性成熟，繁殖期集中在5～6月。卵黏性，黏附在水草上孵化。

经济价值 ▶

　　较小。虽为常见种，但资源量有限，很少被人食用。唯因体表斑纹变化多样而偶被当作原生观赏鱼饲养，有时也被作为垂钓的饵料。

分布 ▶

　　我国除云贵高原、青藏高原外，其他地区各大水系广泛分布。国外分布于朝鲜。

36 泥鳅

Misgurnus anguillicaudatus (Cantor, 1842)

分类地位： 鲤形目 Cypriniformes　花鳅科 Cobitidae

花鳅亚科 Cobininae　泥鳅属 *Misgurnus*

别　　名： 无

识别特征 ▶

背鳍iii-6～8；胸鳍 i -8～11；腹鳍 i -5～7；臀鳍iii-5。侧线鳞约150。

体型较小。体呈细长条形，前躯粗壮，近圆柱形，腹部圆，中后躯开始逐渐侧扁。头尖，中等大，具感觉孔；吻较短钝。口小，下位，呈马蹄形。须5对，发达。眼圆且小，侧上位。鼻孔2对，孔径小，前后紧邻，前鼻孔具短管状瓣膜。体被隐于皮下的细小紧密圆鳞，仅头部裸露无鳞，体表黏液腺极为发达。侧线完全但不明显，沿体侧中轴向后平直延伸行入尾柄正中。背鳍短小，外缘微凸，起点在身体偏后方；胸鳍短小，后缘圆钝；腹鳍短小，起点与背鳍起点相对或稍后；肛门较靠近臀鳍起点；臀鳍较发达；尾鳍圆形，自臀鳍基至尾鳍边缘具肉质棱，其上有较弱的软褶。

生活时体背及侧部呈灰黑色，腹部黄色或灰白色。全身除腹部外，密布不规则的深黑褐色斑点；尾鳍基上方具1块较明显的黑色圆斑。

1cm

天津自然博物馆馆藏

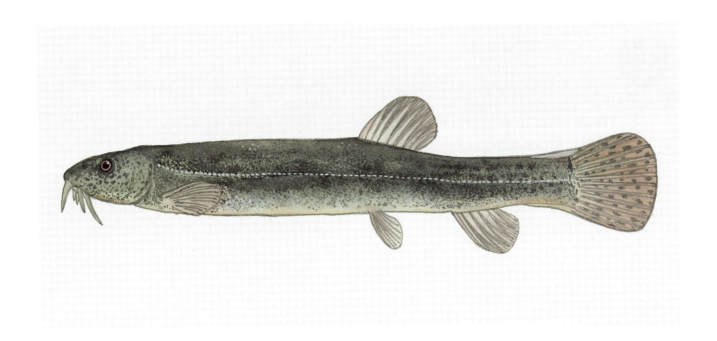

生活习性 ▶

　　适应力极强,喜栖息于以软泥为底质的静水底层。昼伏夜出,好钻洞。常见于湖泊、池塘、沟渠及田间水洼。除鳃呼吸外,在极端环境中还可利用皮肤甚至肠进行呼吸,吸入腹中的空气经肠呼吸后由肛门排出。杂食性,成鱼主要以水生植物为主,如硅藻和高等植物的根、茎、叶及种子等,兼食浮游生物和小型甲壳动物、小型昆虫等。1～2龄性成熟,繁殖期集中在5～9月。卵黄色,略带黏性,通常1～2天即可孵化。

经济价值 ▶

　　重大。泥鳅的自然分布极为广泛,且四季产量均高。在人工养殖中,技术相对成熟,加上泥鳅对饲养环境要求也不高,所以产量亦大。而且其肉质细嫩鲜美、营养丰富,一直以来都深受人们喜爱。在市场中,大型个体为重要的食用经济鱼种,小型个体则多作为饵料出售。

分布 ▶

　　我国除青藏高原外,其他地区各大水系均广泛分布。国外分布于俄罗斯,朝鲜,日本,越南,欧洲,北美和澳大利亚等。

37 大鳞副泥鳅

Paramisgurnus dabryanus Dabry de Thiersant, 1872

分类地位：鲤形目 Cypriniformes　花鳅科 Cobitidae

花鳅亚科 Cobininae　副泥鳅属 *Paramisgurnus*

别　　名：泥鳅、大泥鳅

识别特征 ▶

背鳍iii- 6～7；胸鳍 i -10～11；腹鳍 i -6～7；臀鳍iii-5。侧线鳞110～125。

体型较小。体呈长形、粗壮，前躯近圆筒形，中后躯开始逐渐侧扁。头尖，中等大，具感觉孔；吻较短钝。口小，下位，呈马蹄形。须5对，发达。眼圆且小，侧上位。鼻孔2对，孔径小，前后紧邻，前鼻孔具短管状瓣膜。体被排列整齐的细密圆鳞，仅头部裸露无鳞，体表黏液腺较发达。侧线完全，沿体侧中轴向后平直延伸行入尾柄正中。背鳍较短小，外缘微凸，起点在身体偏后方；胸鳍短小，后缘圆钝；腹鳍短小，起点与背鳍起点相对或稍后；肛门较靠近臀鳍起点；臀鳍稍发达；尾鳍圆形，上下均有发达的肉质棱，肉质棱边缘具软褶，背侧肉质棱甚至可伸达背鳍基后方，部分成体尤为宽大。

生活时体背及侧部呈灰褐色，腹部浅黄色或灰白色。全身除腹部外，密布不规则的褐色细小斑点，以头部、背鳍和尾鳍最为明显。

1cm

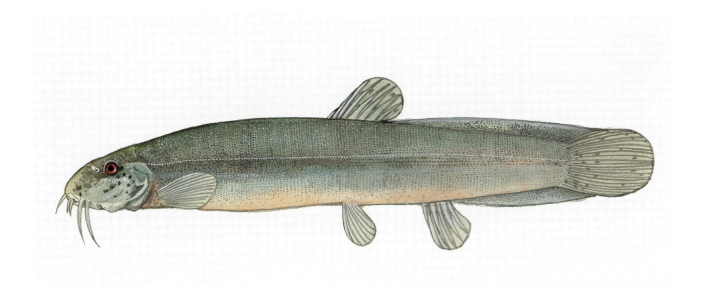

生活习性 ▶

　　适应力极强,喜栖息于以软泥为底质的静水底层。昼伏夜出,好钻洞。常见于湖泊、池塘、沟渠及田间水洼。杂食性,主要以高等植物碎屑、摇蚊幼虫、水生昆虫幼虫、桡足类和藻类等为食。1～2龄性成熟,繁殖期集中在5～7月。卵黏性,通常1～2天即可孵化。

经济价值 ▶

　　较大。大鳞副泥鳅的自然分布较为广泛且产量较高,其肉质细嫩鲜美、肌间刺少、营养丰富,在市场中常与泥鳅一起被贩卖。

分布 ▶

　　原自然分布于我国长江中下游及其以南的浙江、福建、台湾等地区,最北分布记录在河北白洋淀。

　　注:大鳞副泥鳅现在我国已广泛分布,但海河水系以北的资源量较低。

38 鲇

Silurus asotus Linnaeus, 1758

分类地位：鲇形目 Siluriformes	
鲇科 Siluridae　鲇属 *Silurus*	
别　　名：鲶鱼、鲶拐子（四川）	
保护等级：省级（黑龙江）	

识别特征 ▶

背鳍 i-4～5；胸鳍 i-12～15；腹鳍 i-11～12；臀鳍71～86。

体型较大。体呈长形，前躯粗壮，近圆筒形，后躯至尾部渐侧扁。头平扁，吻圆钝。口大，口裂宽阔且浅，下颌突出于上颌，上下颌皆具由绒毛状细齿形成的宽齿带。唇厚。须2对，上颌须1对，粗长，后伸可达胸鳍末端；下颌须1对（幼鱼具2对下颌须，体长发育到约70mm时逐渐消失），细短。眼很小，侧上位。前后鼻孔距离较远，前鼻孔呈短管状，后鼻孔圆形。体表裸露无鳞，黏液腺发达，头背面、颌下方具黏液孔。侧线完全，呈一列白色小孔状，起点较高，位于鳃盖后上方，前段逐渐斜直下行至臀鳍起点上方时接近体侧中轴，继而向后平直延伸行入尾柄正中。背鳍短小，位置靠前，无硬刺；胸鳍较圆，侧下位，起点紧邻鳃盖后方，具硬刺，硬刺前缘锯齿弱，后缘锯齿强，鳍条后伸末端不及腹鳍起点；腹鳍圆形，短小，无硬刺，末端后伸达臀鳍起点；臀鳍极为发达，基部很长，后端与尾鳍相连。尾鳍圆形、斜截或微凹。

鲇的体色随栖息环境而多变化。李时珍称："生流水者色青白，生止水者色青黄"，但实际上在清水中生活的鲇一般背部呈褐绿色腹部呈白色，在浑水中生活的鲇多偏黄色，而在淤泥死水中生活的鲇一般背部近黑色腹部乳白色。鲇的体表均具大量不规则的灰黑褐色斑块，各鳍颜色较浅。福尔马林浸制标本通体为灰黄色。

天津自然博物馆馆藏

生活习性 ▶

　　生命力极强。喜栖息于江河、湖泊、池塘、沟渠等较深水体的中下层，尤其偏好水草茂盛、泥沙底质的缓静水体。肉食性，性凶猛。白天好藏匿于水草、石缝或泥穴之中，夜晚活跃觅食，主要捕食小鱼小虾。1～2龄性成熟，繁殖期集中在4～6月。多于黎明时在水草茂密处产卵，卵大，呈灰绿色，沉黏性，黏附于水草、砾石上孵化。

经济价值 ▶

　　重大。鲇的生长速度极快，对生存环境要求低。肉质细嫩、肌间刺少，为人们所喜食。

分布 ▶

　　除青藏高原及新疆外，其他地区各大水系均广泛分布。国外分布于日本，朝鲜和俄罗斯。

39 黄颡(sǎng)鱼

Pelteobagrus fulvidraco (Richardson, 1846)

分类地位：鲇形目 Siluriformes

　　　　　鲿科 Bagridae　黄颡鱼属 *Pelteobagrus*

别　　名：嘎鱼（北京、天津）、黄辣丁、济公鱼（江苏）

保护等级：省级（黑龙江）

识别特征 ▶

背鳍ii-6～7；胸鳍 i -7～9；腹鳍 i -5～7；臀鳍iv-14～21。

体型较小。体呈长形，前躯粗壮，背鳍起点处体最高；后躯渐细尖侧扁，腹部浅平。头大而平扁，头背部额骨及上枕骨裸露。吻平扁钝圆，略呈锥形。口大，下位，呈浅弧形，上下颌皆具由绒毛状细齿组成的齿带。须4对，极发达。眼中等大，侧上位。前后鼻孔远离，前鼻孔位于吻端，呈短管状；后鼻孔位于两眼内侧稍前的吻中部，呈喇叭状，前缘具发达的鼻须。体表光滑无鳞，黏液腺发达。侧线完全，沿体侧中部向后平直延伸行入尾柄正中。背鳍较小，具硬刺，后缘有细锯齿；背鳍与尾鳍间有1短小脂鳍，后缘游离；胸鳍低位，呈尖刀状，末端后伸不达腹鳍起点，具硬刺，前缘锯齿细密，后缘锯齿粗壮；腹鳍短，末端后伸接近或可达臀鳍起点；臀鳍发达，基部长；尾鳍深分叉，上下叶约等长，末端圆。

生活时背部呈深褐绿色，体侧、腹部浅黄褐色。体侧有3～4块被侧线分割开的长方形褐绿色斑块；尾鳍上下叶中部各有1条暗色纵条纹，其他各鳍灰褐色。

1cm

天津自然博物馆馆藏

生活习性 ▶

喜栖息于水生植物繁茂的静缓水域底层。白天潜伏在水草中，夜晚游到水面觅食。杂食性，以肉食为主，主要摄食田螺、小鱼小虾、水生昆虫（特别是摇蚊幼虫）等。受惊时，胸鳍硬刺后缘的锯齿会相互摩擦发出"嘎嘎"声，故北京一带称之为"嘎鱼"。2龄性成熟，繁殖期较长，可从4月下旬持续至9月中旬，但主要集中在5～7月。黄颡鱼通常选择在水草繁茂、以淤泥为底质的静浅水域产卵。卵呈沉黏性，吸水膨胀。产卵前雄鱼掘泥筑巢，雌鱼产卵之后即离去，卵沉于巢底或黏附在巢壁及周围水草根茎上孵化。雄鱼护卵、护幼直到仔鱼能自由游出鱼巢为止。

经济价值 ▶

重大。黄颡鱼不但细嫩鲜香、味道极佳，还可入药，可消肿愈疮。李时珍称"煮食消水肿，利小便"，并歌为"一头黄颡八须鱼，绿豆同煎一合余，白煮作羹成顿服，管教水肿自消除"。现黄颡鱼已是全国各地常见的水产养殖品种，人工繁殖技术成熟，产量较高。

分布 ▶

我国自黑龙江至珠江间各大水系均广泛分布。国外分布于老挝，越南至俄罗斯西伯利亚。

40

瓦氏黄颡（sǎng）鱼

Pelteobagrus vachelli (Richardson, 1846)

分类地位：鲇形目 Siluriformes

鲿科 Bagridae　黄颡鱼属 *Pelteobagrus*

别　　名：黄颡、灰抗

保护等级：省级（黑龙江）

识别特征 ▶

背鳍 ii-6～8；胸鳍 i-7～9；腹鳍 i-5～6；臀鳍 ii-21～25。

体型较小。体呈长形，前躯粗壮，后躯侧扁，尾柄较细长。头平扁，头顶覆盖有厚皮。吻平扁钝圆，略呈锥形。口大，下位，呈浅弧形；上颌突出于下颌，上下颌皆具由绒毛状细齿组成的齿带，下颌齿带中央分离。须4对，极发达。眼中等大，侧上位，眼间隔稍平。前后鼻孔远离，前鼻孔位于吻端，呈短管状；后鼻孔位于两眼内侧稍前的吻中部，具发达的鼻须。体表光滑无鳞，黏液腺发达。侧线完全，沿体侧中部向后平直延伸行入尾柄正中。背鳍前位，稍小，具发达骨质硬刺，后缘有细锯齿；背鳍与尾鳍间有1基底稍长的脂鳍，末端游离；胸鳍侧下位，呈尖刀状，末端后伸不达腹鳍起点，具硬刺，前缘光滑，后缘锯齿粗壮；腹鳍椭圆形，较短；臀鳍发达，基部长；尾鳍深分叉，上下叶约等长，末端稍尖。

生活时体背部呈灰褐色，体侧灰黄色，腹部浅黄色。除脂鳍后端颜色较淡外，各鳍呈灰黑色。

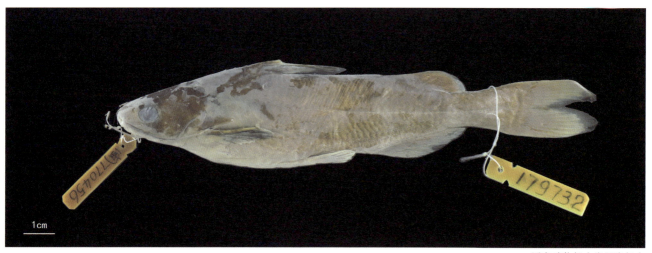

生活习性 ▶

　　喜栖息于水生植物繁茂的静缓水域底层。白天潜伏在水草中，夜晚游到水面觅食。杂食性，以肉食为主，主要摄食田螺、小鱼小虾、水生昆虫（特别是摇蚊幼虫）等。2龄性成熟，繁殖期一般集中在5～7月，6月为高峰期。亲鱼通常将卵产在河滩地带的砾石间隙中，卵沉性，外层具强黏性胶膜，产出后结成团附着于砾石之上，借流水冲刷孵化。

经济价值 ▶

　　较大。肉质细嫩鲜香，为人们所喜食。原自然产量较小，仅偶有捕获。但近年来因水库建设及人工养殖等因素，在各大流域内的资源量已见明显增长。

分布 ▶

　　我国分布于黑龙江、辽河、海河、长江、闽江等水系。国外分布于朝鲜。

41 池沼公鱼

Hypomesus olidus (Pallas, 1811)

分类地位：胡瓜鱼目 Osmeriformes

胡瓜鱼科 Osmeridae　公鱼属 *Hypomesus*

别　　名：公鱼、黄瓜鱼

识别特征 ▶

背鳍iii-7～9；胸鳍 i -10～12；腹鳍 i -7～8；臀鳍 ii～iii-13～16。

体型小。体呈长形，侧扁。头中等大，吻较尖。口裂稍大，下颌突出于上颌，上下颌及舌骨上皆具弱细齿。无须。眼大，侧上位。体被细密而薄的圆鳞，排列整齐。侧线不完全。背鳍起点约位于身体正中部，外缘较平直；脂鳍小，呈指状；胸鳍低位，外缘微凸，后伸不达腹鳍起点；腹鳍与胸鳍相对，外缘圆钝；尾鳍深分叉，上下叶约等长，末端尖。

生活时体色深浅随环境变化较大，体背部通常呈黄褐色或青褐色，体侧中上部颜色逐渐变淡，至腹部转为银白色，具金属光泽。头部、体背和体侧及各鳍上均具分散的细小黑色斑点。性成熟个体沿体侧中部具1条彩虹色纵宽纹带，福尔马林浸制标本此带呈银白色。臀鳍基底颜色较深，尾鳍上下叶均呈深灰黑色，其他各鳍浅灰色。

1cm

生活习性 ▶

　　属冷水性中上层鱼类，喜集群，尤其春秋两季常集大群。自然环境下好栖息于水温较低、水质清澈、溶氧量高的山涧溪流中，也可见于江河、湖泊、河口，甚至近岸海域。肉食性，主要以浮游动物为食，兼食小虾、鱼卵及藻类等。生命周期短，1～2龄性成熟，大多数会在产卵后死亡，极少有活到3年的个体。海河流域中的池沼公鱼多于春季溯河洄游进行繁殖，产卵期集中在4月上旬至5月中旬，多在河流或湖泊的近岸缓流或静水处，尤其是底质为沙或砾石、水深20～40cm的水域，一次性完成产卵过程。

经济价值 ▶

　　重大。池沼公鱼的肉质鲜美、整体可食，其脂肪含量低，而蛋白质含量高于鲤、鲫等常见淡水经济鱼类，是极受人们欢迎的小型经济鱼类。除直接烹饪外，池沼公鱼还常被做成鱼罐头畅销国内外，一直属于供不应求的状态，具有很好的市场前景。

分布 ▶

　　原自然分布于北太平洋沿岸的通海河流中，包括美国、加拿大、俄罗斯、日本、朝鲜等。于1938年引入中国，1985年引入海河流域，目前已有一定产量。

42 大银鱼

Protosalanx chinensis (Basilewsky, 1855)

分类地位： 胡瓜鱼目 Osmeriformes

银鱼科 Salangidae　大银鱼属 *Protosalanx*

别　　名： 银鱼、面条鱼、鲙（kuài）残鱼（《本草纲目》）

识别特征 ▶

背鳍 ii-12～15；胸鳍 i -23～28；腹鳍 i -6；臀鳍 iii-25～29。

体型较小。体细长，呈圆柱状。中躯较粗壮，后躯渐侧扁；腹鳍至肛门间具腹棱。头平扁尖细，俯视如矛状，头骨薄，近透明，脑形态清晰可见。吻长而尖，呈三角形。口大，口裂稍斜，下颌较上颌突出，上下颌皆具1行齿。唇薄。眼较大，侧位，眼间隔宽，微隆起。鼻孔近眼前缘。鳃孔大，下端可达眼前缘下方。具假鳃，鳃耙1行，较细长。雌鱼无鳞，雄鱼仅沿臀鳍基上缘具1列纵行大鳞。无侧线。背鳍无硬刺，位置靠后，后缘斜截；脂鳍小且透明，后端游离，约位于背鳍与尾鳍中间；胸鳍短，具发达的肉质扇状鳍柄，雄鱼尖长，雌鱼宽短；腹鳍稍小，后缘斜截，约位于眼后缘与肛门中间；肛门紧邻臀鳍起点之前；臀鳍基发达，约始于前背鳍基后端下方，雄鱼臀鳍前缘尤其肥厚；尾鳍深分叉，下叶稍长于上叶，末端尖。

生活时身体近透明，略带乳白色。自胸鳍下方沿腹侧向后具1纵行黑色素点；头背和体背散布有不规则黑色素点，每个肌节上均具1列黑色素点。尾鳍上下叶后半段均呈浅黑色，其他各鳍淡黄色或乳白色。

注：雄鱼仅有1个右侧带状精巢，雌鱼有左前、右后2个卵巢。

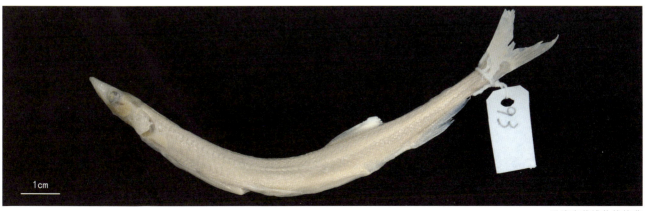

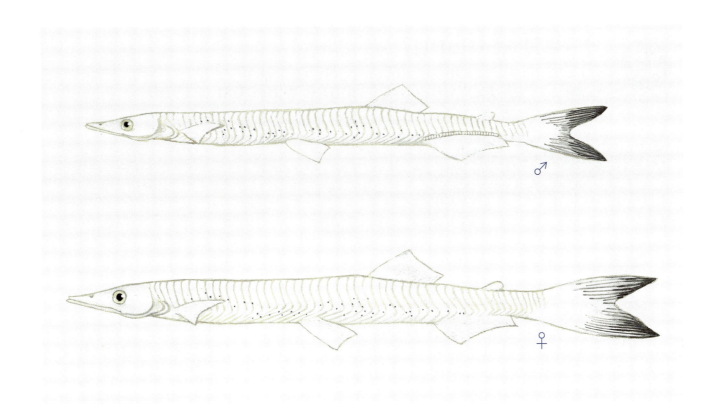

生活习性▶

　　属冷水性上层小型鱼类，喜集群生活。栖息在沿海地区的种群冬季于近海处越冬，春末时成大群至河口或咸淡水处索饵产卵，作短距离洄游；淡水定居型种群可在淡水中完成全部生活史。肉食性，以浮游动物尤其是桡足类为主，兼食小鱼小虾。1龄即可性成熟，4月中旬为繁殖旺季。多于江河湖泊的缓流静水处产卵，尤其是水草繁茂的水域。产卵过程一次性结束，卵呈淡黄色、具黏性，常黏附在水草上孵化。亲鱼繁殖后明显消瘦，不久后便死亡。

经济价值▶

　　重大。银鱼虽然个体不大，但在自然分布区内的产量极高，且肉质细嫩鲜美、营养丰富，深受人们喜爱。每年银鱼洄游产卵时会形成较大的渔汛，尤其在长江口地区属于非常重要的渔汛之一。除直接烹饪食用外，大量的银鱼还常被晒制成鱼干进行贸易。

分布▶

　　我国原自然分布于黄渤海、东海沿岸及其通海江河与附属湖泊，现已被广泛引入内陆水域养殖。国外分布于朝鲜和日本。

　　注：曾在海河流域中形成可观种群，但近年来资源量下降明显，野外调查并未获得标本。

中华青鳉(jiāng)

43

Oryzias latipes sinensis Chen, Uwa *et* Chu, 1989

分类地位：鳉形目 Cyprinodontiformes

怪颌鳉科 Adrianichthyidae　青鳉属 *Oryzias*

别　　名：青鳉、鱼目娘、大眼贼、灯泡鱼、万年鲹(shēn)

保护等级：《台湾淡水鱼类红皮书》(近危)

识别特征 ▶

背鳍6～7；胸鳍8～10；腹鳍6；臀鳍16～20。纵列鳞28～31。

体型较小。体呈长形，背平腹圆，前后躯侧扁。头稍短而平，吻钝。口上位，口裂横直。下颌突出于上颌，皆具细小尖齿。无须。眼大，侧上位，眼间隔宽。体被排列整齐的较大圆鳞，头部亦有鳞。无侧线。背鳍基短，位于体背后方；胸鳍侧上位，末端圆钝；腹鳍较短小，末端后伸可达肛门；肛门紧邻臀鳍起点之前；臀鳍基长，下缘斜直；尾鳍较大，后缘截形或微凹。

生活时体背及体侧呈青绿色，腹部银白色；体侧及腹鳍、臀鳍上散布有密集的黑色素点，背鳍、胸鳍和尾鳍的色素点较为稀疏；各鳍淡黄色或透明。

注：中华青鳉的眼球银色层极为发达，在水中游动时呈闪亮白斑状，故得名"大眼贼""灯泡鱼"。

1 cm

国家动物标本资源库标本

生活习性 ▶

    喜栖息于小江小河、湖泊、水库、稻田、坑塘、沟渠等近岸静水或缓流环境，常可见在水体表层集群游动。适应性强，对水质要求不高。肉食性，主要以桡足类、摇蚊幼虫等为食。当夏季水温上升至20～28℃时开始产卵，卵黏性，表面有许多短丝状突起。

经济价值 ▶

    中等。中华青鳉的分布广泛、极为常见，但因其个体小、产量小，所以并无食用价值。在观赏鱼市场中有一类被称为"观背青鳉"的热门品种，为野生中华青鳉人工培育而得，其眼睛更大而亮、背部色彩绚丽，且极易饲养，较受大众欢迎。另外，目前有科研机构将中华青鳉作为实验动物饲养，也体现了其一定的科研价值。

分布 ▶

    我国原自然分布于东部自辽河下游至台湾、海南岛，西南至云南金沙江下游，南盘江水系，元江水系和澜沧江水系等。受引种影响，现已被引入全国各水系，甚至西北地区新疆塔里木盆地中亦可见到。国外原自然分布于日本，朝鲜等，目前也已引入哈萨克斯坦，乌克兰等地区。

44 中华多刺鱼

Pungitius sinensis (Guichenot, 1869)

分类地位：刺鱼目 Gasterosteiformes

刺鱼科 Gasterosteidae　多刺鱼属 *Pungitius*

别　　名：丝鱼、刺儿鱼、九刺鱼

保护等级：省（直辖市）级（北京）

识别特征 ▶

背鳍viii～x，9～12；胸鳍 i-9～10；腹鳍 i；臀鳍 i，8～10。侧线骨板32～36。

体型小。体呈纺锤形，前躯稍侧扁，腹部圆，尾部极为细尖，尾柄尤细，且两侧具脊状角质突起。头较大，略侧扁，吻钝尖。口亚上位，口裂稍斜；前颌骨能伸缩，下颌略突出，上下颌皆具细小尖齿。唇较发达。无须。眼大，眼间隔平坦。前、后鼻孔均小，分离，位于吻侧中部。体表大部分裸露无鳞，仅沿侧线处具鳞状骨板，自体中部向后逐渐转呈棱状。侧线完全，前端较高，中后部向后平直延伸行入尾柄正中。背鳍由鳍棘和鳍条两部分组成，鳍棘部分常为9～10根交错排列的硬棘，鳍条部分位于体背后方，约与臀鳍相对；胸鳍较大，后缘呈扇状；腹鳍近胸位，通常由1根硬棘组成；肛门近臀鳍起点之前；臀鳍基长，较发达；尾鳍后缘呈扇形、平截或微凹。

生活时体背、侧呈青绿色，并夹杂有不规则的浅褐色或黄褐色斑纹，腹部银白色。各鳍土黄色或白色。

注：繁殖期内的雄鱼如被惊扰，全身会迅速变为深墨绿色。

1cm

天津自然博物馆馆藏

生活习性 ▶

　　喜栖息于山涧溪流的静水或缓流段，尤其是水草茂密处。好聚集成群在浅水处游动。肉食性，以浮游动物为主，兼食其他鱼类的卵和仔鱼。繁殖期多集中在3～5月，雄性筑巢，巢的直径一般在30～40mm左右，并有强烈的护巢、护幼习性；寿命仅1年，雌鱼产卵后、雄鱼完成护幼后，均会死亡。

经济价值 ▶

　　无。个体小，且分布狭窄，野外资源量很低。加之背生硬刺，鲜被人类甚至家禽食用，几乎没有利用价值。仅少数原生鱼爱好者会将其当作原生观赏鱼饲养。

分布 ▶

　　我国分布于辽河及内蒙古东部、河北北部及北京西北部。国外分布于朝鲜。

注:海河流域为中华多刺鱼已知亚洲分布区的最南界。

45 冠海马

Hippocampus coronatus Temminck *et* Schlegel, 1850

分类地位：刺鱼目 Gasterosteiformes

海龙科 Syngnathidae　海马属 *Hippocampus*

别　　名：海马

保护等级：国家二级

识别特征 ▶

背鳍13～14；胸鳍14；臀鳍4；体骨环10+41。

体型较小。体形奇异，头似马头状，具高大头冠，顶端有4个小突起，吻如圆管状向前伸出，内壁具很多细而密的绒毛。口小，端位。无须。眼大，侧上位。鼻孔近眼前缘。躯干呈七棱形，略侧扁，腹部较圆且凸出，雄性在肛门之后还具1孵卵囊。尾部呈四棱形，向后逐渐变细，末端多弯曲。体表无鳞，全身包被骨环。无侧线。背鳍短小；胸鳍短宽，位于头后；臀鳍小；无腹鳍和尾鳍。

生活时体呈淡褐色，背鳍上常具深色暗纹。

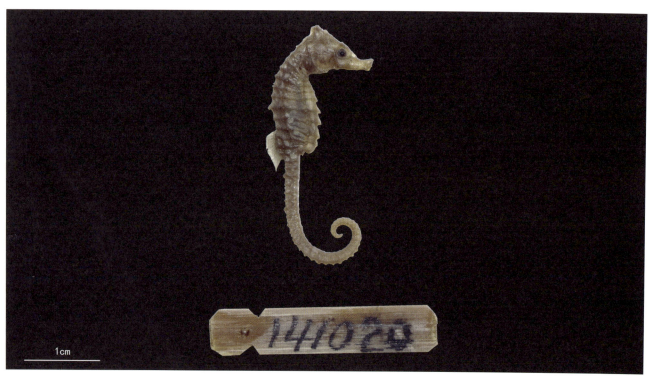

1cm

国家动物标本资源库标本

生活习性 ▶

    主要在海水中生活，喜栖息于海藻繁茂的近岸浅海，也可溯河进入咸淡水甚至淡水中。直立游泳，运动能力很弱，仅靠胸鳍摆动维持平衡，背鳍扇动推进身体；尾巴能卷曲，可攀附在植物茎叶上。繁殖时，雌雄海马追逐嬉戏，最终腹部相对，雌性将卵产于雄性的孵卵囊中，受精卵由雄性孵化后产出。肉食性，主要以枝角类、桡足类和小虾等为食。

经济价值 ▶

    较大。全身可入药，具有较大的滋补功效，但天然产量极少。

分布 ▶

    我国分布于渤海、黄海及东海。

46

莫氏海马

Hippocampus mohnikei Bleeker, 1853

分类地位： 刺鱼目 Gasterosteiformes

海龙科 Syngnathidae 海马属 *Hippocampus*

别　　名： 海马、日本海马

保护等级： 国家二级

识别特征 ▶

背鳍16～17；胸鳍11～12；臀鳍4；体骨环11+39。

体型小。体形奇异，头似马头状，具头冠，但不高，也无突起。吻较短，不及眼径的两倍；如圆管状向前伸出，内壁具很多细而密的绒毛。口小，端位。无须。眼中等大，侧上位。鼻孔小，近眼前缘。躯干呈七棱形，略侧扁，腹部圆凸，雄性在肛门之后还具1孵卵囊。尾部呈四棱形，向后逐渐变细，末端多弯曲。体表无鳞，全身包被骨环。无侧线。背鳍短小，位于躯干后端；胸鳍短宽，位于鳃盖后方；臀鳍极小，紧邻肛门；无腹鳍和尾鳍。

生活时体呈暗褐色，头部、吻部及体侧常具斑纹。

1cm

天津自然博物馆馆藏

生活习性▶

　　主要栖息于海水，常在近岸浅海海藻繁茂的区域活动。直立游泳，且运动能力很弱，仅靠胸鳍摆动维持平衡，背鳍扇动推进身体；尾巴能卷曲，可攀附在植物茎叶上。莫氏海马在黄渤海地区的繁殖季节一般集中在5～7月，届时雌雄海马先追逐嬉戏，最终腹部相对，雌性将卵产于雄性的孵卵囊中，受精卵由雄性孵化后产出。肉食性，主要以枝角类、桡足类和小虾等为食。

经济价值▶

　　较大。全身可入药，通常用黄酒浸润再以文火烤至酥松，具温肾散结消肿等功效。天然资源量可观，且人工繁殖技术已非常成熟。

分布▶

　　我国分布于渤海、黄海及东海。国外分布于日本，朝鲜，泰国，马来西亚，新加坡，印度尼西亚，澳大利亚等。

47 黄鳝

Monopterus albus (Zuiew, 1793)

分类地位：合鳃鱼目 Synbranchiformes

合鳃鱼科 Synbranchidae　黄鳝属 *Monopterus*

别　　名：鳝鱼、鱓（shàn）、䱉(shàn)（《山海经》）

识别特征 ▶

　　体型较大。体呈蛇形，尤为细长；前躯圆柱状，向后逐渐侧扁，尾部尖细。头部膨大短粗，略侧扁。吻短小钝圆，微突出。口亚下位，口裂大而平直，后伸可超过眼后缘垂直下方。上颌略突出，上下颌皆具尖小细齿。唇发达，下唇尤其肥厚，上唇稍向下覆盖下唇。无须。眼小，侧上位，眼缘不游离。眼间隔宽，微隆起。前鼻孔位于吻端，后鼻孔紧挨眼前缘上方。左右鳃孔在头腹位合而为一，呈"V"字型裂缝状。体表黏滑、裸露无鳞。侧线完整，前段较高，向后平时延伸至尾部侧中位。背鳍、臀鳍退化，仅在尾部上、下缘处呈弱皮褶状，与尾鳍相连；尾鳍小，末端尖；无偶鳍。

　　生活时体色随生活环境不同而有较大变化。通常体背呈黄褐色或黄色，体侧及腹部呈橙黄色或浅黄色。全身散布不规则的暗色或黑色斑点，仅腹部较少。

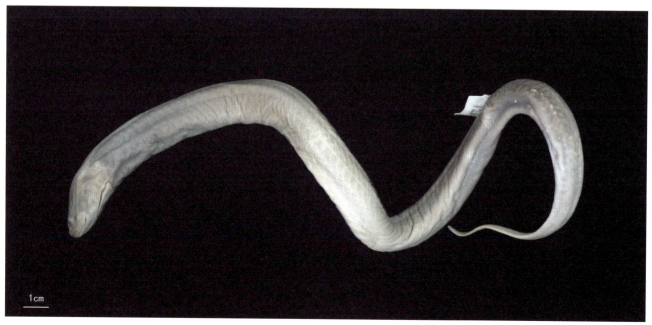

1cm

天津自然博物馆馆藏

生活习性 ▶

　　底层鱼类，喜栖息于稻田、沟渠等静水或缓流环境中。白天蛰伏在近岸泥坑石缝中，夜晚外出觅食。肉食性、性凶猛。食谱很广，主要以水生昆虫、蚯蚓、小鱼小虾等为食，也捕食蝌蚪、小型蛙类等。鳃不发达，但口腔及喉腔内壁表皮均有辅助呼吸的功能，所以离开水后也能存活很长时间。繁殖期通常集中在5～8月，亲鱼有筑巢护巢的行为。产卵时，亲鱼吐出大量泡沫在巢穴洞口聚集成团，受精卵可借其浮于水面上。卵大，呈金黄色，1周左右即可孵化。成鱼生殖器官左侧发达，右侧退化；个体发育过程较为特殊，存在性逆转现象，仔鱼先发育成雌性，随着个体发育卵巢转化为精巢，变为雄性。

经济价值 ▶

　　重大。黄鳝在我国自然分布广泛、产量极大，且肉质鲜美、营养丰富，深受人们喜爱。另外，黄鳝全身皆可入药，具强身健骨、补血益气和降低血糖等功效。因黄鳝的生命力顽强，具极高的耐活体贮存和远途运输能力，所以除本地鲜售外还经常被活运出口。

分布 ▶

　　我国除青藏高原、西北地区外，其他地区各大水系均广泛分布。国外分布于日本，缅甸，马来西亚等。

48

中华刺鳅

Sinobdella sinensis (Bleeker, 1870)

分类地位：合鳃鱼目 Synbranchiformes

　　　　　刺鳅科 Mastacembelidae　中华刺鳅属 *Sinobdella*

别　　名：刺鳅、刀鳅、王八公子、中华光盖刺鳅

识别特征 ▶

背鳍 xxxii～xxxiii-58～66；胸鳍23～34；臀鳍iii-58～60。纵列鳞250以上。

体型较小。体细长，呈鳗形；前躯较圆，后躯侧扁。头小而尖，侧面观近三角形。吻尖，前端突出，向下具1游离的肉质皮褶。口大，前位，口裂稍斜，向后可伸达眼前缘下方。上下颌皆具绒毛状齿带。无须。眼小，眼间隔狭窄；眼下缘皮下具1根向后伸出的尖锐硬刺。前鼻孔呈短管状，位于吻端两侧；后鼻孔靠近眼前缘。头体均被极为细小的圆鳞。侧线不明显。背鳍很长，前部为可倒伏于沟槽中的游离硬棘，后为鳍条部，约与臀鳍相对，向后与尾鳍相连；胸鳍短小，后缘呈圆弧状；臀鳍较长，向后与尾鳍相连；肛门近臀鳍起点之前；尾鳍窄长，末端尖；无腹鳍。

生活时体背呈黄绿色，腹面淡黄色。自头侧吻端至尾部呈淡黄色细纵纹，体侧具1条明显的褐绿色栅状斑纹，背部和腹面还有很多网状花纹。背鳍、臀鳍和尾鳍上多具细小白斑，且边缘呈白色；胸鳍浅褐色。

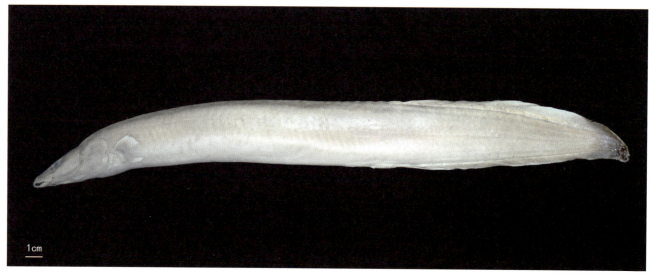

1cm

天津自然博物馆馆藏

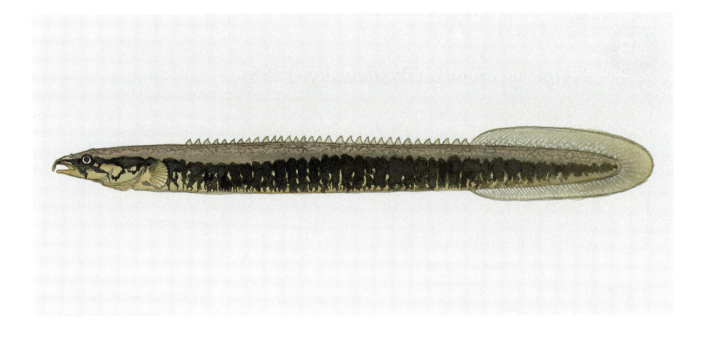

生活习性 ▶

　　喜栖息于江河、池塘等缓流浅水的底层，尤其是水草茂密的环境中。白天潜伏于砂石中，夜晚外出觅食。肉食性，以小虾、水生昆虫及其幼虫等为食，亦可捕食小黄黝鱼等小型鱼类。1龄性成熟，繁殖期多集中在5～7月。卵黏性，附着于水草或砾石上孵化。

经济价值 ▶

　　较小。为产区内常见的野杂鱼，但产量较小，仅偶被食用。因体表花纹较为特殊，也有人将其当作原生观赏鱼饲养。

分布 ▶

　　我国辽河至珠江间各水系均有分布。国外分布于越南。

49 鳜(guì)

Siniperca chuatsi (Basilewsky, 1855)

分类地位：	鲈形目 Perciformes
	鮨鲈科 Percichthyidae　鳜属 *Siniperca*
别　　名：	鳜鱼、桂花鱼、花鲫鱼
保护等级：	省(直辖市)级(北京、黑龙江)

识别特征 ▶

背鳍 xii-13～14；胸鳍14～16；腹鳍 i-5；臀鳍iii-8～10。侧线鳞112～128。

体型较大。体侧扁而高，头后背部显著隆起，腹缘呈浅弧形。头侧扁而尖，侧面观呈三角形。吻短尖。口上位，口裂大且倾斜。下颌显著突出于上颌，上下颌皆具绒毛状齿群，且上颌前端与下颌两侧有部分齿扩大，呈犬齿状。无须。眼较大，侧上位，眼间隔稍圆凸。鼻孔位于眼前缘，前后鼻孔稍分离；前鼻孔后缘为半圆形鼻瓣；后鼻孔小，近椭圆形。前鳃盖骨后缘具细小锯齿，后下角及下缘具4个辐射状大棘；后鳃盖骨后缘具2个大棘。除头背、吻部外，全身均被细小圆鳞。侧线完全，前端较高，沿背弧向上弯曲，约至体高最高处开始平缓下弯，至背鳍基末端下方附近时向后平直延伸行入尾柄正中。背鳍2个，前后连续，前部为硬棘，后部为软鳍条；胸鳍扇形，末端后伸不达腹鳍末端；腹鳍胸位，紧邻胸鳍基，具硬刺，内侧具生有短膜与腹部相连；肛门紧邻臀鳍起点之前；臀鳍约与第二背鳍相对，外缘圆形；尾鳍圆形。

1cm

天津自然博物馆馆藏

生活时体色深浅随环境变化较大。通常体背多呈深灰绿色，体侧黄绿色，腹部灰白色。全身密布不规则的褐色斑块或斑点。自吻端至背鳍前具1条明显的深褐色过眼斜纹。第1背鳍的第6～7棘下方有1条深褐色垂直带纹，几达腹部；向后还有若干深色斑块，但均不如第一个明显。各鳍黄色，奇鳍具暗棕色条纹。

生活习性 ▶

喜栖息于水质清澈的河流、湖泊及水库等静水或缓流环境，尤其是水草繁茂的水体中。肉食性、性凶猛。以小型鱼、虾为食。夏季白天昼伏于石穴中，夜晚外出觅食；冬季潜入深水区越冬，几乎不食不动；春季水温转暖时，开始到沿岸浅水区觅食，并好侧卧于水底坑洼处，所以常被渔民以"踩鳜鱼"的形式捕获。2～3龄性成熟，繁殖期多集中在5～7月，于夜间在平缓流水中分批产卵。卵浮性，具脂肪滴。

经济价值 ▶

重大。个体较大且生长速度快，常见1～2kg的个体，大型河流中可见10kg的个体。肉质细嫩，少刺，自古以来都为我国人民所喜食，是传统的名贵淡水鱼类。

分布 ▶

我国原自然分布于长江以北的各大水系，目前已引入全国各地。国外分布于俄罗斯阿穆尔河（黑龙江）流域。

50 小黄黝(yǒu)鱼

Micropercops swinhonis (Günther, 1873)

分类地位：鲈形目 Perciformes

沙塘鳢科 Odontobutidae　小黄黝鱼属 *Micropercops*

别　　名：黄黝鱼、斑黄黝鱼、达氏黄黝鱼、史氏黄黝鱼

识别特征 ▶

背鳍ⅶ～ⅷ-10～12；胸鳍 i -14～15；腹鳍 i -5；臀鳍 i -8～9。纵列鳞28～35。

体型较小。体呈长形，稍侧扁，腹部圆；背、腹缘均呈浅弧形。头较大，吻较尖，明显前突。口亚上位，口裂斜。下颌突出于上颌，上下颌皆具细小尖锐的绒毛状齿带。唇发达。无须。眼大，位于头侧上方，眼上缘明显突起。鼻孔2对，前后远离；前鼻孔短管状，近吻端；后鼻孔圆形，紧邻眼前缘。头、胸部被细小圆鳞，吻部与眼间隔处无鳞，身体其余部分被栉鳞。无侧线。背鳍2个，前后分离。第一背鳍位于胸鳍基上方稍后，由柔软的鳍棘组成，基部较短；第二背鳍略高于第一背鳍，起点与肛门相对，基部较长。胸鳍末端宽圆，较大，末端后伸几达肛门。腹鳍胸位，左右分离，不愈合成吸盘。臀鳍位于第二背鳍下方稍后，基部较长。尾鳍后缘圆扇形。

生活时体色深浅随环境变化较大。通常身体呈棕黄色，头、背部颜色较深，呈黑褐色；腹部常呈橘黄或橘红色。体侧中央具12～16条暗黑色的较粗横带；眼下方与前下方各有1条暗黑色条纹。各鳍浅灰色，奇鳍具纵行斑纹。

1cm

天津自然博物馆馆藏

生活习性 ▶

　　喜栖息在河溪、池塘、湖泊和水库等静水或缓流水域底层，作间歇性缓慢游动，受惊吓时反应极为迅速。平时伏卧于砂石之上，伺机袭击其他小型鱼类，捕猎前常先撕咬目标的尾鳍。杂食性，主要以水生无脊椎动物、小型鱼虾和藻类等为食。寿命多为2年，1龄性成熟，繁殖期多集中在5～7月。卵黄色，沉黏性，黏附在水草、砾石上孵化。

经济价值 ▶

　　无。个体小，最大个体仅60mm左右。虽分布广、数量大，但很少被食用，偶作凶猛鱼类的活饵料。

分布 ▶

　　我国原自然分布于东部和西南部各大水系，目前受引水、引种等影响，在青藏高原、新疆等地也可见到。

51 斑尾刺虾虎鱼

Acanthogobius ommaturus (Richardson, 1845)

分类地位：鲈形目 Perciformes

虾虎鱼科 Gobiidae　刺虾虎鱼属 *Acanthogobius*

别　　名：光鱼、油光鱼、甘仔鱼、狗甘仔、尾斑长身鲨、矛尾复虾虎鱼

识别特征 ▶

背鳍ix～x-18～21；胸鳍20～22；腹鳍 i -5；臀鳍15～18。纵列鳞57～69。

体型较大。体细长，前躯粗壮，近圆筒形，向后渐细、渐侧扁。头宽大、平扁，颊部明显凸出。吻发达，吻端圆弧状。口大，前位，口裂稍斜。下颌稍短，上下颌皆具细齿。眼较小，侧上位，眼间隔狭窄平坦。前后鼻孔稍分离，位于吻部正中，前鼻孔呈短管状。体被细小栉鳞。无侧线。背鳍2个，前后分离。第一背鳍由鳍棘组成，基部较短；第二背鳍外缘斜截，基部较长。胸鳍圆尖形，位于体侧下方。腹鳍胸位，左右愈合成吸盘。肛门紧邻臀鳍起点之前。臀鳍始于第二背鳍之后下方。尾鳍长圆形，似矛状。

生活时体背及体侧上方呈黄褐色，向下渐转为黄白色；头部有不规则的暗色斑纹，体侧中央具10余块纵行的黑色斑块；各鳍淡黄色，背鳍具数行淡褐色小点纹，胸鳍基上部及尾鳍基部各具1个褐色斑点。

1cm

天津自然博物馆馆藏

生活习性 ▶

　　喜栖息于入海河流下游河口的咸淡水交汇处底层，也可深入至河口以上较远的淡水河段生活。好穴居，有在淤泥或泥沙中打洞隐藏的习性。肉食性、性凶猛。主要以蟹类、小型鱼虾等为食。寿命仅1年，于春末夏初时在洞穴中产卵，卵沉黏性，属于多次产卵的类型，产卵后明显消瘦继而死亡。

经济价值 ▶

　　重大。斑尾刺虾虎鱼的自然产量可观，且生长十分迅速，尤其在秋冬季节肉质最为肥美，是沿海渔民喜食的鱼类之一，在市场经济鱼类中占据着重要地位。但在虾类的沿海养殖业中，斑尾刺虾虎鱼属于敌害鱼类。

分布 ▶

　　我国分布于渤海、黄海、东海及南海。国外分布于朝鲜，日本，印度尼西亚等。

52 # 波氏吻虾虎鱼

Rhinogobius cliffordpopei (Nichols, 1925)

分类地位：鲈形目 Perciformes

虾虎鱼科 Gobiidae　吻虾虎鱼属 *Rhinogobius*

别　　名：虾虎、波氏栉（zhì）虾虎鱼、克氏虾虎、洞庭栉虾虎鱼、裸背栉虾虎鱼

识别特征 ▶

背鳍vi-7～8；胸鳍16～17；腹鳍 i -5；臀鳍 i -8。纵列鳞28～29。

体型小。体呈长形，前躯粗壮，近圆筒形，向后至尾柄处稍侧扁。头较大，圆钝，头背隆起。吻短唇厚，亦圆钝。口小，端位，口裂稍斜。下颌略长于上颌，上下颌皆具多行排列稀疏的细齿带。无须。眼稍小，位于头侧上方，略突出于头背；眼间距窄，稍内凹。鼻孔前后分离，前鼻孔呈短管状，位于吻前；后鼻孔圆形，紧邻眼前缘。体侧被弱栉鳞，腹部被圆鳞，背鳍正前方无鳞片。无侧线。背鳍2个，前后分离；第一背鳍由柔软的鳍棘组成，基部短；第二背鳍略高于第一背鳍，基部较长。胸鳍位于鳃盖后方，圆扇形。腹鳍胸位，左右愈合成吸盘。肛门与第二背鳍起点相对。臀鳍与第二背鳍相对或稍后，同型。尾鳍宽大，长圆形。

生活时体色深浅随环境变化较大。通常体呈黄褐色，头腹面黑褐色，腹部颜色略淡。眼前下方无明显条纹，体侧常具6～7条个深褐色纵斑。雄鱼第一背鳍的第一和第二根鳍棘间鳍膜上具1块明显的墨绿色大斑，雌鱼有时不太明显。第二背鳍和尾鳍上具由多行黑灰色小点构成的细条纹，其他各鳍灰黑色。

1cm

天津自然博物馆馆藏

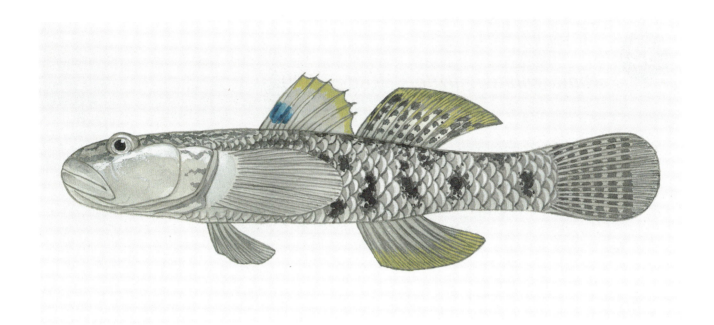

生活习性 ▶

喜栖息在底质为沙地、砾石和贝壳等的浅水沿岸，常见于湖泊、沟渠和池塘等处。平时好伏卧水底，以胸前吸盘吸附在砾石或贝壳之上，作间歇性缓慢游动，受惊吓时反应极为迅速。杂食性，摄食藻类、小型无脊椎动物、小型鱼虾及鱼卵等。1龄性成熟，寿命仅1年。繁殖期多集中在4～5月份，产沉黏性卵。期间数量庞大，常形成"鱼汛"。

经济价值 ▶

重大。波氏吻虾虎鱼分布广泛，自然产量极大。且肉质细嫩鲜美，脂肪与蛋白质含量均高，深受人们喜爱。除鲜食外，还被晒成淡干品出售，几可与银鱼、"海蜒"等畅销鱼类相媲美。但同时，虾虎鱼也会与当地其他鱼种形成激烈竞争，在自然环境和人工养殖中都对后者造成了直接危害。

分布 ▶

中国特有种，自然分布于辽河、黄河、长江、钱塘江、珠江等水系。近年来随着引水、引种而被广泛带入全国各水系。

53 子陵吻虾虎鱼

Rhinogobius giurinus (Rutter, 1897)

分类地位：鲈形目 Perciformes

虾虎鱼科 Gobiidae　吻虾虎鱼属 *Rhinogobius*

别　　名：小爬虎、子陵栉（zhì）虾虎鱼、普栉虾虎鱼

保护等级：省级（江西）

识别特征 ▶

背鳍vi-7～9；胸鳍18～21；腹鳍 i -5；臀鳍 i -8～9。纵列鳞27～32。

体型小。体呈长形，前躯粗壮，近圆筒形，向后至尾柄处稍侧扁。头较大，圆钝，稍平扁。吻钝，肥厚。口小，端位，口裂稍斜。上下颌皆具两行分叉的细齿。无须。眼稍小，位于头侧上方，略突出于头背；眼间距窄，内凹。鼻孔前后分离，前鼻孔呈短管状，近吻端；后鼻孔圆形，紧邻眼前缘。体侧被较大栉鳞，腹部被小圆鳞；背鳍正前方具11～13枚鳞片，前伸接近眼间隔后方。无侧线。背鳍2个，前后分离；第一背鳍由柔软的鳍棘组成，基部短；第二背鳍略高于第一背鳍，基部较长。胸鳍位于鳃盖后方，圆扇形。腹鳍胸位，左右愈合成吸盘。肛门与第二背鳍起点相对。臀鳍与第二背鳍相对或稍后，同型。尾鳍宽大，长圆形。

生活时体色深浅随环境变化较大。通常体呈灰黄色，背部较深、腹部略淡；眼前下方有数条蠕虫状条纹，体侧具7～9块黑色大纵斑，其中夹杂小斑；背鳍外缘呈黄褐色，中部还有1条鲜黄色宽纹；背鳍和尾鳍呈黄色或橘红色，具由数行浅褐色小点构成的细条纹；其他各鳍淡黄色。

天津自然博物馆馆藏

生活习性 ▶

原属河、海洄游型鱼类，后适应淡水生活形成陆封性种群。喜栖息在底质为沙地、砾石和贝壳等的浅水沿岸，常见于湖泊、沟渠和池塘等处。肉食性、性凶猛，领地性强，会主动攻击其他鱼类。常匍匐于水底作缓慢游动，掠食或受到惊扰时反应十分迅捷，主要以水生昆虫、小鱼小虾及藻类等为食，亦有残食同类的现象。寿命短，多为1年，偶有2年。1龄性成熟，繁殖期多集中在4～6月，雌鱼翻砂挖穴产卵，卵黏性，附着在砾石、砂砾上孵化。

经济价值 ▶

重大。子陵吻虾虎鱼分布广泛，自然产量极大。且肉质细嫩鲜美，脂肪与蛋白质含量均高，深受人们喜爱。除鲜食外，还被制成咸干品出售。在钱塘江流域中，子陵吻虾虎鱼会在严子陵钓鱼台附近形成大规模"鱼汛"，故得名。据记载，钱塘江年产量曾高达10～15t，其干制品"子陵鱼干"为当地特产，具有重大经济价值。但在池塘渔业养殖中，子陵吻虾虎鱼由于摄食鱼苗，所以是重要的清野对象。

分布 ▶

我国除青藏高原及西北地区外，其他地区各大水系均广泛分布。国外分布于日本，朝鲜，韩国等。

注：子陵吻虾虎鱼和波氏吻虾虎鱼外型特征极为相似，而眼前下方有无蠕虫状条纹是野外工作中初步鉴定区分这两种鱼的重要依据。

54

纹缟(gǎo)虾虎鱼

Tridentiger trigonocephalus (Gill, 1859)

分类地位：鲈形目 Perciformes

虾虎鱼科 Gobiidae　缟虾虎鱼属 *Tridentiger*

别　　名：虾虎鱼、缟虾虎、双纹叉齿虾虎鱼、条纹三叉虾虎鱼

识别特征 ▶

背鳍vi，i-11～13；胸鳍18～20；腹鳍i-5；臀鳍i-9～11。纵列鳞50～56。

体型小。体呈长形，粗壮；前躯近圆柱形，尾柄处略侧扁。头中等大，较平扁，颊部肌肉发达且凸出。吻较长，圆突。口大，前位，口裂稍斜。唇发达，宽厚。上下颌约等长，皆具2行齿；外行齿较大且为三尖状，中间齿最长，较钝；内行齿较尖细，顶端不分叉。眼稍小，位于头侧上方，略突出于头背，眼间隔平坦。鼻孔前后分离，前鼻孔圆形，呈短管状，近吻端；后鼻孔小，呈裂缝状，位于眼前。体侧被中等大弱栉鳞，腹部被小圆鳞。无侧线。背鳍2个，前后分离；第一背鳍由柔软的鳍棘组成，基部短；第二背鳍略高于第一背鳍，外缘圆突，基部较长。胸鳍位于鳃盖后方，圆扇形，最上方鳍条游离并被有小突起。腹鳍胸位，左右愈合成吸盘。肛门与第二背鳍起点相对。臀鳍与第二背鳍相对，同型。尾鳍宽大，后缘圆形。

1cm

天津自然博物馆馆藏

生活时头体呈黄褐色或灰褐色，略带微绿，腹部银白色。头侧具有较大的白色圆点。体侧具2条明显的棕褐色纵行条纹，上条纹自头背眼后沿背鳍基向后延伸至尾鳍基部，下条纹自吻端穿过眼后沿体侧中央延伸至尾柄基部。前、后背鳍各具4行暗色横纹；胸鳍灰色，基部有1块黑斑；臀鳍有2条棕黄色纵带，中间夹1条白色纵带；尾鳍灰色，具数条暗条纹。

生活习性 ▶

喜栖息于入海河流下游河口的咸淡水交汇处底层，亦能进入淡水区。肉食性，性凶猛。主要以小鱼小虾、水生昆虫等为食。寿命1～2年，生长迅速，1龄可达性成熟。繁殖期集中在4～6月，卵黏性，产卵后大部分亲鱼会死亡。

经济价值 ▶

较小。虽然分布广泛，但资源量十分有限，食用价值不大。因体色较为鲜艳、特殊，目前也被当作原生观赏鱼饲养。在港口的鱼类及虾类养殖业中，纹缟虾虎鱼属于敌害生物。

分布 ▶

我国沿海均有分布。国外分布于日本，朝鲜。

55 圆尾斗鱼

Macropodus chinensis (Bloch, 1790)

分类地位：鲈形目 Perciformes

丝足鲈科 Osphronemidae　斗鱼属 *Macropodus*

别　　名：斗鱼、布鱼、蝶鱼、花鱼

识别特征 ▶

背鳍 xiv～xix-5～8；胸鳍9～11；腹鳍 i -5；臀鳍 xviii～xix-9～10。纵列鳞27～29。

体型小。体侧扁，呈长椭圆形，尾柄短。头稍大，侧扁。吻尖。口小，侧上位，口裂斜。下颌稍突出于上颌，上下颌皆具锥形细齿。无须。眼大，位于头侧上方，眼间隔平坦。鼻孔前后分离，前鼻孔约位于吻部正中，后鼻孔紧邻眼前缘。体表鳞片大而厚，头部为圆鳞，体侧为栉鳞。无侧线。背鳍始于胸鳍基稍后，分为鳍棘部和鳍条部，前后相连，基部甚长，末根鳍条显著延长，后伸远超尾鳍基；胸鳍略小，侧下位，后缘圆钝；腹鳍胸位，鳍棘较短，第1根鳍条延长呈丝状，起点在胸鳍起点之前；臀鳍起点在背鳍起点之后，与背鳍同型；尾鳍长圆形。

生活时体色深浅随环境变化较大。通常体呈褐绿色，背部颜色尤深；体侧具多条"V"字型蓝绿色横纹，眼周围有黑色斜纹，鳃盖后方具1块明显的蓝绿色圆形亮斑。除腹鳍呈浅灰色外，其他各鳍带有橘红色。

1cm

天津自然博物馆馆藏

生活习性 ▶

　　喜栖息于河流、湖泊、池塘等水草繁茂的静水或缓流中，好隐藏在水草间、浮物下静止不动。具有鳃上腔，可辅助呼吸，对水质要求低，生命力极高。肉食性，以浮游动物、水生昆虫及其幼虫等为食。繁殖期一般集中在5～7月，期间雄鱼体色尤为艳丽，且经常发生争斗。产卵前雄鱼会在水草间吐泡沫筑巢，雌鱼腹部向上产浮性卵于泡沫巢内，后由雄鱼负责护巢孵化。

经济价值 ▶

　　较小。圆尾斗鱼虽分布广泛，但体型较小、鳞厚肉少，故极少被人食用。仅因繁殖期内体色十分绚丽，且极易存活，而常被当作原生观赏鱼饲养。

分布 ▶

　　我国海河、黄河、淮河及长江水系广泛分布。国外分布于日本，朝鲜。

56 乌鳢(lǐ)

Channa argus (Cantor, 1842)

分类地位：	鲈形目 Perciformes
	鳢科 Channidae　鳢属 *Channa*
别　　名：	黑鱼、乌鱼、乌棒、蛇头鱼、七星鱼、火头鱼（河南）、鳢（《尔雅》）
保护等级：	省级（黑龙江）、《台湾淡水鱼类红皮书》（易危）

识别特征 ▶

背鳍47～51；胸鳍i-17～18；腹鳍i-5～7；臀鳍31～34。侧线鳞61～67。

体型较大。体呈长形，前躯近圆筒形，向尾部渐侧扁。头大，头背部较平扁。吻圆钝，略呈锥状。口大，端位，口裂斜。下颌稍突出于上颌，上下颌皆具细小绒毛状齿带，且各有1行较大犬齿。唇发达。无须。眼小，位于头侧上方，眼缘游离，眼间隔宽平。前后鼻孔分离且相距较远，前鼻孔近吻端，呈管状；后鼻孔小，呈圆形，靠近眼前缘。体被较大圆鳞，头部亦有鳞。侧线完全，自鳃孔开始沿体侧上部向后延平直伸至肛门上方时有中断，再从下方1～2枚鳞片继续沿体侧中部向后平直延伸行入尾柄正中。背鳍发达，无硬刺，基部极长，后缘近尾鳍基；胸鳍中等大，侧下位，后缘圆钝；腹鳍小，始于背鳍起点稍后；臀鳍发达，无硬刺，与背鳍同型，但起点稍后、基部较短；尾鳍圆形。

生活时体呈黑褐色，背部尤深；腹部颜色较浅，呈灰白色。头侧有2条纵行黑色条纹，上方条纹自吻端过眼向后行至鳃盖后缘；体侧具排列较为规则的棕褐色"蟒斑状"色块，沿背部中线有1行较小黑斑，头腹、侧腹等处散布有小而不规则的深色小斑。各鳍浅灰色，略带黄色，奇鳍常具黑灰色污斑。

1cm

生活习性 ▶

　　喜栖息于水草繁茂或水质浑浊的河流、湖泊及塘库等缓流水体底层。具发达的鳃上腔，可辅助呼吸，故对水质要求较低，甚至离水后仍能存活较长时间（冬季可达1周），生命力极其顽强。肉食性、性凶猛。幼鱼以枝角类、轮虫和小鱼小虾等为食；成鱼捕食鱼虾，甚至蛙类。平时好潜伏于水草之下，仅摇动胸鳍以维持身体平衡，伺机突袭其他鱼类；冬季有潜入底泥中越冬的习性。繁殖期集中在5～7月，产浮性卵。产卵前，亲鱼集群，相互追逐、异常活跃，甚至会跃出水面；有筑巢的行为，或咬断水草制造环形巢穴，或靠身体辗转和尾部扇动来筑造下陷巢穴。产卵后也伴有明显的护卵、护幼行为。

经济价值 ▶

　　重大。乌鳢分布广泛、生命力强，且生长迅速、个体较大。其肉质鲜美、营养丰富、肌间刺少，一直深受人们喜爱，是全国各地重要的经济鱼类。尤其云南地区的"通海乌鱼片"，更是地方传统名菜。除食用价值外，乌鳢同时还具较高的药用滋补价值，不但对胸闷腹胀有一定疗效，并具祛湿利尿、催乳补血和促进伤口愈合等功效。

分布 ▶

　　我国除青藏高原及西北地区外，其他地区各水系均广泛分布。国外分布于俄罗斯，朝鲜等。

57

虹鳟(zūn)

Oncorhynchus mykiss (Walbaum, 1792)

分类地位：鲑形目 Salmoniformes

鲑科 Salmonidae　大麻哈鱼属 *Oncorhynchus*

别　　名：金鳟、虹鲑

识别特征 ▶

背鳍iii～iv-9～12；胸鳍i-11～12；腹鳍i-8～10；臀鳍iv-10～12。纵列鳞127～135。

体型较大。体呈长形，侧扁。头中等大，呈锥形。吻圆钝，微突出。口稍大，亚下位，口裂斜且呈弧形。下颌略长于上颌，上下颌皆具稀疏细齿。无须。眼中等大，侧中位，眼间隔略圆凸。鼻孔位于吻侧，前后鼻孔间有1较小的皮膜突出。体被极细小鳞片。侧线完全。背鳍较小，外缘斜形、略圆凸；具脂鳍，后端游离；胸鳍较小，末端圆尖；腹鳍起点位于背鳍起点之后，较小，外缘略内凹，末端圆尖；肛门位于臀鳍稍前，后方具泌尿生殖孔；臀鳍起点位于脂鳍之前，略发达，外缘平截略带内凹；尾鳍较大，深凹或截形。

生活时体背灰棕色，体侧黄棕色，腹部逐渐转为白色；头部、体背、体侧及各鳍上均散布有黑色小斑，性成熟个体鳃盖后方具玫红色，沿体侧还有1条较宽的粉红色纵带。各鳍灰黑色或浅灰色。

1cm

202008

生活习性 ▶

　　喜栖息于水质清澈、溶氧较高的山涧溪流，有短距离洄游的习性。属典型冷水性鱼类，最适温度为14～18℃，水温低于6℃时几乎不生长，高于25℃时难存活。肉食性、性凶猛。以水生无脊椎动物、小鱼小虾等为食。2龄性成熟，产卵期在北方一般集中在1～2月，于水流湍急的砂砾河段处产卵。繁殖期内雄鱼下颌向上弯曲，呈鹰嘴状；雌鱼腹部膨大，生殖孔稍外突。繁殖前雄鱼挖掘巢穴，雌鱼在穴中产卵，受精卵自然孵化。

经济价值 ▶

　　重大。虹鳟无肌间刺，且生长迅速、肉质鲜美，其鱼肉中富含人体所需的氨基酸及微量元素，营养保健价值极高，属名贵经济鱼类。更因其受限于本身生物特性，仅在水质清澈、溶氧量高的低温水环境中生长，所以也是目前消费者公认的绿色无污染水产品。但虹鳟鱼肉外观类似三文鱼肉，近年来常被一些不良商家充当三文鱼售卖，我们应注意鉴别两种不同。

　　注:虹鳟鱼肉质紧实,按压后回弹性较差,且脂肪含量较低,白色脂肪层较细薄;三文鱼肉质软弹,按压后回弹明显,且脂肪含量高,白色脂肪层较厚。

分布 ▶

　　原自然分布于北美洲，目前已被世界各地（尤其是西北太平洋沿岸国家）广泛引入。于1958年引入我国，目前已在我国北方尤其是北京周边地区被广泛养殖。

参考文献

[1]陈宜瑜,等.中国动物志硬骨鱼纲鲤形目（中卷）[M].北京：科学出版社,1998.

[2]成庆泰,郑葆珊.拉汉英鱼类名称[M].北京：科学出版社,1992.

[3]成庆泰,郑葆珊.中国鱼类系统检索（上、下册）[M].北京：科学出版社,1987.

[4]成庆泰,周才武.山东鱼类志[M].济南：山东科学技术出版社,1995.

[5]褚新洛,郑葆珊,戴定远.中国动物志硬骨鱼纲鲇形目[M].北京：科学出版社,1999.

[6]谷德贤,宁鹏飞,王婷.天津水域鱼类资源种类名录及原色图谱[M].北京：海洋出版社,2021.

[7]顾钱洪,周传江,孟晓林,等.卫河水系新乡段鱼类资源现状调查[J].河南水产,2015,4：23-26.

[8]韩文辉.桑干河鱼类资源调研及体内营养物、重金属分析[C].山西大学硕士学位论文,2020.

[9]郝天和,高德伟.麦穗鱼在北京地区的食性和繁殖[J].动物学杂志,1983,4：9-11.

[10]乐佩琦,等.中国动物志硬骨鱼纲鲤形目（下卷）[M].北京：科学出版社,2000.

[11]李超,王爱花,惠晓梅,等.漳河山西段鱼类和大型底栖动物群落结构特征[J].水生生态学杂志,2020,
41（6）：122-132.

[12]李国良.关于河北省淡水鱼类区系的探讨[J].动物学杂志,1986,4（2）：4-12.

[13]李明德,杨竹舫.河北省鱼类[M].北京:海洋出版社,1992.

[14]李明德.天津鱼类志[M].天津：天津科学技术出版社,2011.

[15]李思忠.中国淡水鱼类的分布区划[M].北京:科学出版社,1981.

[16]李思忠.黄河鱼类志[M].青岛：中国海洋大学出版社,2017.

[17]李雪健,郭久波,牛诚祎,等.北京市潮白河流域鱼类物种组成的历史演变和多样性现状[J].动物学杂
志,2018,53（3）：375-388.

[18]刘修业,王良臣,杨竹舫,等.海河水系鱼类资源调查[J].淡水渔业,1981,2：36-43.

[19]屈长义,耿如意,冯建新,等.海河支流卫河水系河南流域鱼类区系组成初步分析[J].河南水产,2011,
2：34-35.

[20]王鸿媛.北京鱼类志[M].北京：北京出版社,1984.

[21]王鸿媛.北京鱼类和两栖、爬行动物志[M].北京：北京出版社,1994.

[22]王乾麟,戈敏生,王士达,等.官厅水库、白沙水库及金盆浴鲤水库的水生生物调查和渔业利用的意见
[C].水生生物学集刊,1959,1：49-91.

[23]王所安,柳殿钧,曹玉萍.永定河系的环境条件和自然鱼类资源[J].河北大学学报（自然科学版）,
1987,4：36-41.

[24]王所安,王志敏,李国良,等.河北动物志鱼类[M].石家庄：河北科学技术出版社,2001.

[25]伍汉霖,钟俊生,等.中国动物志硬骨鱼纲鲈形目（五）虾虎鱼亚目[M].北京：科学出版社,2008.

[26]伍汉霖，钟俊生.中国海洋及河口鱼类系统检索[M].北京：中国农业出版社，2021.

[27]伍献文，杨干荣，乐佩琦，等.中国经济动物志淡水鱼类（第二版）[M].北京：科学出版社，1979.

[28]伍献文，等.中国鲤科鱼类志（上册）[M].上海：上海科学技术出版社，1964.

[29]伍献文，等.中国鲤科鱼类志（下册）[M].上海：上海人民出版社，1977.

[30]武欣，赵瑞亮.滹沱河山西段鱼类资源现状及分析[J].山西水利科技，2015，5：126-128.

[31]新乡师范学院生物系鱼类志编写组.河南鱼类志[M].郑州：河南科学技术出版社，1984.

[32]邢迎春，赵亚辉，李高岩，等.北京市怀沙-怀九河市级水生野生动物保护区鱼类物种多样性及其资源保护[J].动物学杂志，2007，42：29-37.

[33]邢迎春，赵亚辉，张春光，等.中国近、现代内陆水域鱼类系统分类学研究历史回顾[J].动物学研究，2013，34（4）：251-266.

[34]杨文波，李继龙，李绪兴，等.拒马河北京段鱼类组成及其多样性[J].上海水产大学学报，2008，17：175-181.

[35]张春光，赵亚辉.北京及其邻近地区的鳅科鱼类[J].中国动物科学研究，2000：232-238.

[36]张春光，赵亚辉.北京及其邻近地区的鱼类[M].北京：科学出版社，2013.

[37]张春光，邢迎春，赵亚辉，等.中国内陆鱼类物种与分布[M].北京：科学出版社，2015.

[38]张春光，邵广昭，伍汉霖，等.中国生物物种名录 第二卷 动物 脊椎动物（V）鱼类上册[M].北京：科学出版社，2020.

[39]张春光，邵广昭，伍汉霖，等.中国生物物种名录 第二卷 动物 脊椎动物（V）鱼类下册[M].北京：科学出版社，2020.

[40]张春霖.中国系统鲤类志[M].北京：高等教育出版社，1959.

[41]张春霖，成庆泰，郑葆珊，等.黄渤海鱼类[M].基隆：水产出版社，1994.

[42]张福群，刘秉武，李春秋.河北省境内滹沱河鱼类调查[J].河北师范大学学报，1982，1：131-138.

[43]张世义，王耀先，戴爱云，等.怀柔水库水生生物学调查和渔业利用的初步意见[C].水生生物学集刊，1960.

[44]周绪申，胡振，崔文彦，等.永定河系鱼类资源调查分析[J].人民珠江，2020，41（7）：63-69.

[45]周绪申，胡振，孟宪智，等.海河流域大清河水系的鱼类多样性[J].水生态学杂志，2022，43（4）：86-94.

[46]朱道清.中国水系辞典[M].青岛：青岛出版社，2007.

[47]朱松泉.中国条鳅志[M].南京：江苏科学技术出版社，1989.

拉丁学名索引